纺织服装高等教育“十三五”部委级规划教材

服装十讲

风格·流行·搭配

第3版

高秀明　编著

東華大學出版社
·上海·

图书在版编目(CIP)数据

服装十讲:风格·流行·搭配/高秀明编著. —3版.
—上海:东华大学出版社,2018.6
ISBN 978-7-5669-1399-9

Ⅰ.①服…　Ⅱ.①高…　Ⅲ.①服饰美学　Ⅳ.①TS941.11

中国版本图书馆CIP数据核字(2018)第089409号

责任编辑　徐建红
封面设计　风信子

服装十讲:风格·流行·搭配(第3版)
FUZHUANG SHIJIANG: FENGGE · LIUXING · DAPEI

高秀明　编著

出　　版:东华大学出版社(地址:上海市延安西路1882号　邮政编码:200051)
本社网址:dhupress.dhu.edu.cn
天猫旗舰店:http://dhdx.tmall.com
营销中心:021-62193056　62373056　62379558
印　　刷:苏州望电印刷有限公司
开　　本:787 mm×1092 mm　1/16
印　　张:11.75
字　　数:330千字
版　　次:2018年6月第3版
印　　次:2018年6月第1次印刷
书　　号:ISBN 978-7-5669-1399-9
定　　价:45.00元

目录

第一讲

服装概述

衣食住行，衣居于首。服装是人的第二层皮肤，与每个人休戚相关，它最为人熟知且被高频率地使用。然而，经过漫长的历史发展，服装被赋予了丰富的文化内涵，进化成了高度文明的物品。人们只有将其层层剥开，了解其博大而精深的知识，才能脱离原始着装品位，穿出修养和风度。

一、基本概念

1. 衣裳

古时上曰衣,下曰裳(古代指裙子)。《诗经·邶风·绿衣》:“绿衣黄裳。”《毛传》:“上曰衣,下曰裳。”古人最早下身穿的是一种类似裙子一样的“裳”。“裳”字也写作“常”。《说文》:“常,下帬也。”“帬”是裙的古体字。《释名》:“裳,障也,所以自障蔽也。”“障”是保护的意思,“蔽”有遮羞的意思。由于古代纺织工具简陋,布的幅面很狭,所以一件下裳就得用几块窄幅布横拼起来,样子像一幅腰围。这种古老的服制,直到周代还作为礼服的一部分保留着,在祭祀和朝会时穿着。后来,衣裳泛指衣服。《易·系辞下》:“黄帝、尧、舜垂衣裳而天下治,盖取诸乾坤。”后因以借指圣贤的君主。

李白的诗写道:“云想衣裳花想容,春风拂槛露华浓。若非群玉山头见,会向瑶台月下逢。”意思是“云霞想要她的衣裳,鲜花想要她的容貌;春风吹拂着栏杆,花上的露珠是那么浓盛。”“云想衣裳花想容”把杨贵妃的衣服写成霓裳羽衣一样,簇拥着她丰满的玉容。“想”有正、反两面的理解,可以说是见云而想到衣服;也可以说把衣裳想象成云,把容貌想象成花,就这七个字给人一种花团锦簇的感觉。接着“春风拂槛露华浓”进一步以“露华浓”点染花容,更为艳冶,同时以风露暗喻玄宗的恩泽。随后想象到西王母所居的群玉山、瑶台,“若非”“会向”诗人故作选择,实为肯定。这样的人间绝色,恐怕只有仙子可以相比,诗人不露痕迹地把杨贵妃比作天女下凡,精妙极致。

2. 衣着

指人的穿戴和穿戴的方式及样式。晋·陶渊明《桃花源记》:“其中往来种作,男女衣着,悉如外人。”《陈书·姚察传》:“吾所衣着,止是麻布蒲綀,此物于吾无用。”宋代杨万里《立春前一夕》诗之二:“雨晴终日异,衣着一冬难。”杨沫《青春之歌》第二部:“这时,一个身材袅娜、衣着鲜丽、阔面大眼的年轻女人,穿着高跟皮鞋匆匆地跑进房里来。”

3. 衣服

衣服泛指身体上穿的各种衣裳。衣服的本意是指防寒保暖,护身的介质,在现代社会成为人体的装饰物品,更多地象征一个人的生活水准(消费层次)和社会地位、身份,但即使如此,衣服仍具有基本功能。

4. 服装

衣服鞋帽的总称,多指衣服。服装一词和其他的专业词汇相比,使用面广且较为频繁。服装一词被人们普遍认为指衣服,两者可通用。细微差别在于衣服比服装与身体的距离感近些,在讲到产品时多用服装一词。

5. 服饰

装饰人体的物品总称。包括服装、鞋、帽、袜子、手套、围巾、领带、提包、阳伞、发饰等。显然,服饰不等同于服装,服饰的外延比服装要广泛得多。

6. 成衣

成衣是指按一定规格、号型标准批量生产的成品衣服,是相对于量体裁衣式的订做和自制的衣服而引申的一个概念。历史上,在未有成衣的年代,衣服是家庭制作,或者到裁缝店度身定制。后来也有少量的成衣生产出售,但数量不多。由于工业革命及工厂的出现,大量生产服装成为可能。顾客购买的成衣是现成的商品,大小、尺寸、颜色、用料已经是既成事实,非度身定制。成衣与度身订制的衣服相比便宜,因为大规模机械化流水生产,平均成本相对较低。

7. 时装

是指某个时期流行的时尚服装,以及时装配件。时装配件一般包括:伞、眼镜、手袋、首饰等所有配戴在个人身上的东西,意味着时装不再局限于衣服,这就延拓了时装的广度。在当代,巴黎、米兰、纽约、伦敦和东京被视为世界时装之都。

时装具有时间性、流行性和新颖性三方面的特征。时装常常与时代同步,带有丰富的时尚信息,与人们的思想观念和社会生活息息相关。时装的流行充分反映了人们求新求美、求同求异的天性。时装的新颖不仅在于款式上的新奇、别致和优美,还在于它的色彩、材料和服饰图案等方面的新鲜感。流行的时装具有周期性,分为酝酿期、成长期、鼎盛期和衰退期。

8. 被服

指被子、衣服等,"被"有动词意蕴,即包裹的意思。现指军队衣着装备的总称,包括服装、鞋帽、手套、袜子、绑腿、被褥、毯子、蚊帐等。旧时称生产军服的工厂为被服厂。

9. 首饰

佩戴在人身上的装饰品。本义仅指戴于头上的装饰品,现泛指以贵重金属、宝石等加工而成的耳环、项链、戒指、手镯等。首饰一般用以装饰人体,也具有表现社会地位、显示财富等意义。

二、服装的起源

在地球上所有动物中,人类是唯一懂得穿衣服的动物,这是人类自称为"万物之灵"的具体证据之一。根据达尔文(Charles Robert Darwin, 1809—1882)的进化论人类是由类人猿逐步进化而来。所以,原始人类也跟其他动物一样,在漫长进化过程中,处于裸体的生活状态。

根据人类学家和考古学家的研究结果推测,地球上有人类的年代,约为二百万年以前。当初人类体表覆有体毛,具有自然防护机能,可适应环境的生态变化。人类经过漫长的进化过程,体毛逐渐退化脱落,露出表皮。为了适应气候变化,保护身体不受风霜侵袭,或不受野兽和其他外在物体的伤害,人类想到了利用生活资源,达到保暖、御防伤害的目的,从而创造了服装。

1967 年,英国科学家德斯蒙德·莫利斯(Desmond Morris),出版了一本探讨人类行为科学的著作《裸猿》(*The Naked Ape*)。书中从动物进化论的观点,阐述人类的一些基本行为。其中一段提到了服装的起源,他认为:

"人类由森林中采果人猿,变成草原上的杀生猎食人猿,在生理条件很差(缺少坚甲利爪的装备和迅速奔跑的能力)的情况下,之所以能够成功地生存下来,是因为头脑优于其他动物。生理上的进化方式是延长婴儿期以确保大脑的持续成长(人类要到23岁后,大脑才完全成熟),而其他哺乳动物则离开母体后的一年内,头脑就完全成熟。但婴儿期的延长,表示父母的负担加重,所以人类在进化过程中,一定要有牢固的配偶关系,才能承担这种责任。因此,一群群的裸猿必须要想办法掩盖他(或她)们的性器官,以避免挑逗非配偶的异性,而产生因争风吃醋,导致同类相残及配偶关系的破坏,而这些都带有种族绝灭的危险。所以,穿衣服是人类进化过程中,所创造出来的最重要的制度之一。至于穿衣服能御寒,是人类北移到较寒冷的地方以后,才发现的事实。”

服装起源的学说,众说纷纭,有归因生理因素,也有归因心理因素,归纳起来,大约有如下几种学说。

1. 羞耻说

所谓羞耻说,即是裸体出现在他人面前会感到羞耻,为了遮羞而产生衣服的说法。这种说法起源于基督教的旧约,在伊甸园中的亚当与夏娃(原始人类),吃了智慧果(进化)之后,对裸体生活感到羞耻。但持反对论者认为,动物都裸体,并无羞耻感,人类如都裸体,也应该无羞耻感。换句话说,羞耻感的产生,应在衣服产生之后。

2. 非羞耻说

与第一种说法正相反,这种说法认为穿衣服是为了引起他人对遮蔽部分的注意,人们以衣服作为相互吸引的工具。很多情形下,遮掩身体上某些部分能起到性诱惑的作用。

3. 保护说

即穿衣服是为了保护。有些人认为原始人类驰骋于深山荒野与野兽搏斗,为了保护身体不受外物的伤害必须使用衣服,这些原始服装,是使用自然物如树叶、树皮、兽皮等着于身体某些部位。

4. 迷信说

原始信仰,认为生老病死、天灾地变和野兽的侵害,是魔鬼神灵生气时对人类的惩罚。为了避免生命财产受害,在身体的某一部位配戴某些东西,如野兽的骨牙;在皮肤上刺青或破坏身体的某一部位,可以避邪祈福,止息魔鬼神灵的怒气而避免疾病、野兽的侵害和天灾的发生,且可带来幸福、健康、财富或其他的愿望。

5. 气候说

所谓气候说,是因气候寒冷而穿衣服,或避免气温高、湿度低导致人体内水分流失过快而需要穿衣的学说。

6. 装饰说

爱美乃人类之天性,将美丽的羽毛,有光泽的贝壳等装饰于身体上,或在身体上刺纹身,割刀痕等都是最原始的装饰方法,由此推论,人穿衣服也是为了装饰。

7. 雌雄淘汰说

自然界很多动物都有美丽的毛发和羽毛,特别是具有进攻性的雄性,为了吸引异性,都有强壮的躯体、漂亮的毛发。这是自然界择优汰劣、弱肉强食、适者生存的产物。然而,人类没有这种得天独厚的外表,为了吸引异性,就创造了美丽的服装。

8. 标识说

原始民族或未开化民族中,勇者、强者的象征,是用装饰物配戴身上,或在皮肤上施以色彩、刀痕等象征穿戴者的身份、地位与力量,或作为区别其他民族的手段,达到标识的作用。

以上关于服装起源的种种学说,都是站在人类已文明化的角度上分析人类最初着装的动机,未免带有主观性,但是不可否认,任何穿衣的动机,都是自然环境和社会环境影响的结果。

三、服装的分类

服装种类繁多,从不同角度进行分类,有助于理清服装的基本概念。

1. 按年龄分类

(1) 婴儿装

从出生到周岁之间,婴儿所穿的服装称为婴儿装。婴儿体型特征头大体小,头长与身高的比例大约为1:3.5~4,腿短并向内侧呈弧度弯曲,头围与胸围接近,肩宽大约是臀围的一半。一周岁以内的婴儿睡眠时间比较多,属于静态期,服装的主要功能是保护身体,调节体温。因此,婴儿服装总的要求是:服装款式变化不易繁多,结构简单,造型宽松,易穿易脱。多采用柔软的棉质面料。

(2) 幼儿装

2~5岁的幼儿穿的服装。这个时期幼儿的体型特征是头大、颈短、肩窄、四肢短、挺腰凸腹,胸腰臀三围差别不大,甚至腰围大于胸围和臀围,成长速度很快。头长与身高的比例大约为1:4~4.5,身高约75~100 cm。幼儿装除了要起到保护身体和调节体温的作用外,还可以通过服装对幼儿的认知起着启蒙作用,因为幼儿的思考、想象、分析和记忆力开始形成,大脑的构造与功能日趋完善。

(3) 儿童装

6~11岁左右儿童穿的服装。此时儿童的头长与身高的比例大约为1:5~6。这个时期孩子的身体逐渐长得坚实,颈部渐长,肩部渐宽,腹部渐平,腰节也逐渐明显起来。男孩和女孩的体态和性格也开始有了明显的差异。儿童装的造型以宽松自然为主,可以考虑体型收些省道。

(4) 少年装

12~17岁左右少年穿着的服装。这个年龄段是人体第二性征发育生长期,但男孩的发育比女孩的发育晚几年,且男女性别特征各趋明显。男孩肩部增宽,臀部相对显窄,手脚变长变大。女孩胸部隆起,骨盆增宽,腰部相对显细,腿部显得有弹性。此时,校服是他们的典型服装。

(5) 青年装

18~30岁左右青年人穿着的服装。这个时期是人生理成熟的时期,是身体和智力发展的高峰期,身体各个部位逐渐粗壮丰腴。此时对异性产生兴趣,常想借助服装吸引异性的目光。因此,他们对时尚和流行最为敏感,也是积极的追求者。

(6) 成年装

31~50岁左右的成年人穿着的服装。这个时期的人一般都有相应的社会地位和经济基础,并显示出成年人特有的气质和风度。成年装总体要求是造型合体、稳重,注重品质。

(7) 中老年装

50岁以上的中年人和老年人穿的服装。这个年龄段人的体型、皮肤都会有较明显的变化,身高逐渐变矮,脊椎逐渐变弯,腹部和腰部逐渐变粗,身体趋于肥胖,肌肉开始松弛,并渐渐失去弹性,皮肤上皱纹也逐渐显现出来。服装上要求沉稳优雅的风格,严谨而略带保守,款式力求轻便和舒适,外形以方形为主,既要宽松又要合体。

2. 按用途分类

(1) 日常生活装

日常生活装包含的种类很多,生活、学习、工作、休闲等没有特殊变化和特殊要求的场合中所穿着的服装,如便装、睡衣、起居服、休闲服等。便装为非正式社交场合穿着的服装,造型轻松自然,搭配随意多变;睡衣即睡眠时穿着的服装,造型多为直线,面料清爽、透气、轻薄和悬垂;起居服是指除了睡眠时间以外在家里穿的服装,造型简洁随意;休闲服是休闲场合穿着的服装。由于休闲服已经被越来越多的人接受,休闲服适用的场合也变得更加广泛。休闲服的特点是上下装风格一致,采用面料相异的单件服装配套而成。轻松而不拖沓,随意而不消沉,自由而不放荡,新颖而不怪诞。

(2) 特殊生活装

是指在非常规生活场合里或特殊人群所穿的服装,例如孕妇服、病员服、残疾人服、盲人服等。

(3) 社交礼仪服

在正式社交场合穿着的服装,既能体现自身的价值,也是对别人的尊重。礼仪装包括晚礼服、婚礼服、晨礼服、午后礼服、依仗服、葬礼服、祭祀服等等。

(4) 戏剧服

指在影视艺术和舞台艺术中扮演某个角色所穿的服装。影视艺术服装比较真实,用历史的和现实的形式再现服装。舞台艺术服装比较夸张,用写意、虚拟的形式表现服装。

(5) 道具服装

是指在一些表演形式或特殊场合中充当道具角色的服装。例如迪士尼乐园中唐老鸭和米老鼠形象。道具服装已经远离了服装的本来面目成为表演中的一个组成部分。

3. 按季节分类

(1) 春秋装

春秋天是一年中气候比较宜人的季节。由于这两个季节气温相当,可以共用同一种类型的服装。春秋装可分为两类:一类是初春或暮秋时穿的服装,这一时节天气稍凉,衣服不能太薄,要有保暖功能。另一类是暮春或初秋时穿的服装,此时天气较热,服装上具有或仍保留着夏装的痕迹。

（2）夏装

夏装比较单薄，缺少层次感。要求凉爽透气、滑爽吸汗、不粘不闷。常见的夏装品种是衬衫、T 恤、背心、连衣裙、裙子、短裤、泳装等。

（3）冬装

冬装最注重保暖。衣服较长、面料较厚。最常见的品种有大衣、棉风衣、羽绒服、厚呢套装、皮革或裘皮服装等。

4. 按品质分类

（1）高档服装

服装的构成要素是高标准的组合，设计、材料和制作均是一流。其特点是批量小、成本高，价格昂贵。

（2）中档服装

是指设计、材料和制作较高档服装均要降低一些标准。价格为广大消费者承受得起，因此，价格的变化幅度较大。由于针对的消费者范围广，可以说，中档服装是最具有流行性的服装。

（3）低档服装

是指设计、材料和制作都在较低的标准上，成本低、批量大。

四、服装的形制

服装的形制就是指穿着的方式。可以将服装分为以下几种不同的类型。

1. 门襟型

分为三种：前门襟、后门襟和侧门襟。门襟的功能是为了衣服的穿和脱。前门襟最为常见，西服上装、男式衬衫、中山装等都是前门襟。男装左襟搭右襟；女装右襟搭左襟。后门襟常见于医生的手术服、实验服装，或婴幼儿用餐时穿的外衣。侧门襟常见于中国古代的袍服和女式侧开襟裙装，旗袍是典型的侧门襟。

2. 披挂型

是原始时期人类的一种穿戴方式，在颈部和腰部佩戴各种原始饰物，以示勇猛。现在常见的样式有披肩、斗篷等。

3. 系扎型

是原始社会时期，人类经常穿着的一种方式。原始人常常在腰间系扎各种挂件装饰品。古埃及时期的基尔裙（kilt），就是在腰间包裹一块布，然后在前腰处系扎。现代常见的有各种绑腿、腰带型服装。

4. 贯头型

也称为套头型,即服装从头部套在人体上。现代常见各种套头毛衫和针织衫。

5. 包缠型

用长方形或半圆形的布将躯干部分包裹起来的形式。这种服装在古希腊时期最为常见。从古希腊雕塑中可以欣赏到这种类型的服装。它的特征是:同一件服装(布)可以不同的人穿着,不太受尺寸的限制;每次穿着都能与上次穿着在样式上有所不同;由于布幅宽大,包裹人体后再用绳子系扎,产生许多褶裥。

第二讲

服装的变迁及其规律

在任何社会中，服装和文化的变化总是同步发展的，只是人们很少注意到。这些变化是渐进发展而不是革命性的突变。技术、政治和经济的发展都会对相应的文化产生持久的影响，这种变化可以明显地从人们的穿着上反映出来。因此，每一个历史时期都会在那个时代的服装中留下它独特的视觉印记。正是由于这个原因，通过服装的风格、材料和制作等特点，就可以基本上推断出那些服装是什么年代的物品。

不管哪个年代，都有限制和阻碍服装变化的力量在起作用，同时也有一些力量在刺激和加速服装的变化。在任何特定的历史时期，服装变化的速率就取决于这两股力量之间的抗衡。在现代社会，促进服装变化的力量日益增强，也就意味服装变化的周期越来越快。

一、服装变化的阻力

在不发达社会、封闭社会以及等级社会,服装的发展缓慢,变化的阻力主要表现为以下几个方面。

1. 严格的等级差别

在有阶级社会,统治阶级凭借特权始终保持着装的竞争地位。在西方,中世纪的封建君主与贫困阶级之间有严格的分界线,一个农奴无论如何也没有可能仿效他的君主或主人的服装。由于财富上的绝对悬殊,只有一些人能够买得起豪华的服装,时尚在相当长时间内保持稳定。

当统治阶级发现他们无法通过控制财富来维持他们着装上优越地位时,往往通过颁发禁止奢侈法令来限制少数臣民的消费。例如,当封建君主发现自己无法像新兴的富裕商人阶级那样挥霍金钱时,就诉诸法律,禁止个人装饰和服装的消费。

在中国进入阶级社会以后,服饰的政治色彩逐渐浓厚。随着宗法制度的形成和确立,服饰就成为区别尊卑等级的重要标志,正所谓"严内外、辨亲疏、明贵贱、别尊卑",从而形成中国数千年的冠服制度。

2. 传统

传统构成了人们的文化记忆,它将人们与自己民族的久远历史连接起来。

传统服装是指一个民族自古传承下来,具有本民族固有特色的服装。它包含身份、地位、角色、荣誉等象征含义,对过去的尊崇使传统服装得以存续。

民族服装,诸如日本和服、印度纱丽和中国旗袍,有鲜明的地区色彩,它们都迅速地让位于西方服装样式,但是,很多人仍然不愿意放弃传统服装。新娘礼服、大学礼服和法官的长袍、教堂的法衣以及其他各种各样的礼服,多少年来基本保持原样。尽管有人试图抛弃这些传统,但是这些服装的基本元素仍然保持不变。

3. 隔离

当人们对世界潮流浑然无知的时候,他们的服装风格肯定会落入当地习惯或传统派生的常规模式。这种隔离状况是遥远的村寨和社会,形成地区服装特征的基础。他们多年来总是穿同一种服装,十分保守落后,信守根深蒂固的传统习惯。但是,由于现代传播媒介和交通运输的改善,那种无法接触时尚信息的区域相对而言减少了。

4. 恐惧

对新的未知事物的恐惧可能导致人们竭力阻止服装的变化。熟悉的样式具有某种安全感,多数人不去购买新奇大胆的东西是怕遭到嘲笑。蒙昧无知的原始人常常给一些特殊的设计或样式附加象征意义,因为抛弃旧样式可能是一种冒险,新的未证明的东西会伴随着罪恶和不幸。背离固有而安全的行为方式需要冒险精神和无畏勇气。

二、服装变化的动因

在当代，服装以加速度的步伐向前迈进，时尚周期越来越短，服装不是因穿坏、穿旧，而是因过时被淘汰，从而引起环保主义者等的关注，提倡寻找有效解决这种社会“疾病”的方法。促进服装变化的原因有多种。

1. 政治变革

从历史上看，任何国家、任何时代的大变革，都给服装带来巨大的变化，政治变革无疑对服装的变化也会产生巨大的影响。当政权掌握在君王手中时，王室、贵族的服装是权贵的象征和时髦的表现。相反，当权力趋于民主化时，这个时代的服装会发生很大的变化。在法国大革命时期，王室服装几乎销声匿迹，而实用、合理、表现民主倾向的服装则广为流传。在中国历史上，辛亥革命使清王朝的长袍马褂被便于活动的短装取代；新民主义革命使“中山服”“青年装”更富有人民性；20 世纪 50 年代的列宁装，体现了那个时期我们与苏联的友好关系；“文化大革命”则使绿色的军便服风靡全中国。十一届三中全会后，改革开放的浪潮给中国人的着装风貌带来了新的变化。男人们不管老少均穿起了西服和夹克衫。

2. 经济

服装深刻反映了一个国家的经济状况。经济的发达与否，极大地影响服装的变化。经济发达，意味着社会财富广泛分布，同时家庭经济收入超过支付生活必需品的数额，有自由资金支配，人们追求时髦、讲究个性就成为可能。

3. 战争

服装的变化是整个社会变化的晴雨表。当社会发生动荡、紧张和混乱的时候，会出现服装背离基本模式，产生各种各样剧烈的变化。

战争是政治斗争的最高形式，对服装的发展有着十分重要的作用。从历史上看，任何一次军事远征，亚历山大、成吉思汗、十字军、拿破仑，无论是征服者还是被征服者，都给服装的传播和交流产生了巨大的影响。战争造成的混乱、贫困，必然使服装的发展受到限制。如二次世界大战时，欧洲妇女为了适应战争，摒弃了过分女性化的长裙、礼服，穿上无性别差异的军服。服装色彩暗淡而不引人注目，款式简单实用，消除了等级差别。女性体验了合理机能主义服饰的优点，衣着的单纯和便于活动等实用因素受到人们重视，女装向男性方向发展，便于活动的服装逐渐发展成熟。战争结束后，人们沉浸在胜利的喜悦中，对衣着要求又有了新的向往，同时也更加怀恋低醉金迷的黄金年代。法国著名设计大师迪奥正是顺应了这一思潮，设计出新风貌（New Look）时装，一举成功，风靡全球，成为影响整个 20 世纪 40 年代到 60 年代初的时装大师。新风貌时装几乎可以称之为二次世界大战后时装史上划时代的作品，可见其影响之大、之深。越南战争，两伊战争，直到 1990 年的“沙漠风暴”行动，在世界服装史上，曾掀起过几度“迷彩服”热，这种“迷彩”衣料及类似军服款式的流行，与这些波及全球、引起世界人们注意的战争有着密切的联系。

一般说来，战争结束后，服装往往走向极端，特别是女装，几乎达到了前所未有的程度。第一、二次世界大战后，在服装史上，都是女装重新辉煌的年代。特别是二次世界大战后，法国出现了许多知名服装设计师，如迪奥（Dior）、巴伦夏卡（Balenciaga）、巴尔曼（Balmain）、纪梵希

(Givenchy)等,他们为巴黎战后服装的繁荣做出了很大的贡献。

4. 艺术

在服装历史上,早在文艺复兴时期,女装就受到当时艺术领域内复古思潮的影响,在服装造型上体现出受这种艺术思潮影响产生的变化。20世纪20年代,设计师维奥内受古希腊艺术风格的影响,采用斜裁技术,纯洁的白色绸缎,设计的具有飘逸律动感的长裙,把人的思绪带回到了遥远的古希腊。伊夫·圣·洛朗在20世纪60年代中期运用了抽象派大师蒙德里安的色彩分割绘画作品,在社会上引起了轰动,其仿制品达数百万件之多。同样,不同时期流行的音乐及其音乐创始人所穿的服装款式,也会成为追赶潮流的青年人的模仿对象。如20世纪60年代的披头士乐队(又称甲壳虫乐队),在世界流行音乐界享有极高的声望,拥有大批青年"披头士迷",与此同时,披头士的服装打扮也引起很大轰动。他们的衣服无领,认为领子本身是一种陈旧的东西。衣服瘦窄,类似日本的学生装,内穿白领衬衫,系着领带。他们穿的长筒皮靴,被称之为"披头士靴"。随后出现的摇滚乐,及摇滚乐队所穿的服装,也成为摇滚爱好者的崇拜对象。同样,垃圾(Grunge)音乐、朋克(Punk)音乐也对时尚界产生了深刻而久远的影响。

5. 闲暇

闲暇时间,即非劳动时间,是指人们在履行社会职责时间支出后,由个人自由支配的时间,包括八小时之外的时间,星期日及节假日,各种假期,退休后的时间。增加自由时间,意味着增加了个人充分发展自我的时间。人们有了充裕的休闲时间,就等于享有了充分发挥自己一切爱好、兴趣、才能、力量的广阔空间,有了为思想提供自由驰骋的天地。所以,闲暇时间,常常被看作是"以时间形态存在的社会无形资源"。

不断增长的经济,自然伴随着必要工作时间的减少。1994年3月,中国试行"隔周五天工作制"。1995年3月25日,时任国务院总理李鹏签署国务院第174号令,发布《国务院关于修改〈国务院关于职工工作时间的规定〉的决定》,落实自1995年5月1日起,实行五天工作制,即职工每日工作八小时,每星期工作四十小时。学校、医院门诊、企业等也相继跟随。换句话说,1年共有256个工作日。1999年,推出黄金周休假制度,每年春节、劳动节和国庆日,各有三天假期,并调动前后的星期六、日,整合成一星期假期,使中国人每年的法定休息日达到了114天。2008年,取消劳动节黄金周(即五一黄金周),劳动节只放假一天,并把清明节、端午节、中秋节列为假期,同时开设年休制,使实际法定休息日超过115天。

大众闲暇时间的增多,必然强化服装在个体生活中的作用。人们不仅有更多时间思考服装,而且闲暇也提供了更多穿着服装的社交机会。尽管人们在工作时需要穿工作服或制服,但是,现在人们有更多机会穿各种各样的服装去参加晚会,有各式休闲服装满足度假需求。另外,闲暇时间增多,往往促使人们设法寻求娱乐和新奇。这两种原因都能在服装变化中起着重要作用。

6. 体育运动

过去的一百年里,体育运动是影响服装变化的最重要原因之一。在西方早期服装发展中,精致服装主要显示地位和财富。然而到了18世纪末期,英国的绅士服装成为所有男人服装的样板,因为狩猎运动暗示一个人拥有广阔的土地,所以,狩猎者就有了很响的名声。刺绣上衣,缎子裤子和白色丝袜已经很难适应带着猎狗骑马追踪猎物狩猎运动,因此,英国男人简单的燕尾服和马靴成为一种时髦的"运动服"。不久,这种服装变得十分流行,而且在日常生活中也穿着它。诸多狩猎服装的元素渐渐地融进了正式服装中，“运动服”的印象完全消失。

19 世纪体育运动主要局限于狩猎、射箭和草地槌球。用现代的眼光看当时的服装，显然没有运动的功能性，但是它们在运动服装缓慢的进程中起着十分重要的作用。在体育运动出现之前，服装的功能效果暗示它们用于体力劳动，而体力劳动意味着低贱，所以舒适服装不被人们崇尚。在体育运动出现之后，参加体育运动意味着一个人有足够的闲暇时间用于娱乐，所以穿着适合剧烈运动的服装成为完全可以接受的事情。

在西方，尽管灯笼裤早已存在，但是社会认可妇女穿着这种两腿叉开的裤子是由于出现了骑自行车的体育运动。女性服装最为剧烈的变化发生在网球场和海边浴场上。1920 年，苏珊娜·朗格朗（Suzanne Lenglen，1899—1938）穿了一条露出半截小腿的褶裙走进球场，使观众大为震惊，但是，这为以后五年逐步缩短裙子的长度铺平了道路。

当人们（尤其是女性）开始更为活跃地生活时，他们的服装必须给予他们的肢体更多自由活动的空间。运动使人们的视觉适应了观看裸露的肌体，裸露的范围逐点变大，进而对所有其他类型服装产生了持久的影响。

弹性滑雪裤最初是针对大雪覆盖的山坡而设计的，现在这种服装在城市的大街上到处可以看到，运动的功能甚至延伸到了各种日常生活服装中。

现代著名男女运动员仍然广受欢迎，媒体也广为报道他们，他们的行为和服装，被人们竞相效仿。

7. 教育

教育的普及加速了服装的变化。教育提高了人们的修养，为人们打开了通向新领域、体验新事物的大门，并增加了人们对时髦外表更多的兴趣和愿望。教育不仅能够帮助人们提高挣钱的能力，而且也促使人们扩大消费欲望，尤其是对时尚的追求。此外，知识能够帮助人们驱散对新的未知事物的恐惧，易于摆脱根植于传统习惯的禁忌。受教育的人们越来越清楚地意识到，在他们面前存在着各种各样的选择和可能性，这就使他们在做服装判断和决策时更为自信。

8. 文化交往

地域的隔绝导致服装的僵化模式，加强各种文化之间的联系和交往，必然促进服装的变化。服装变化可以超越语言障碍，从一种文化传播到另一种文化。在历史上，当白人尚未进入爱斯基摩前，爱斯基摩人的服装一直用兽皮制作。现在尼龙风衣取代了皮毛大衣，橡胶靴取代了海豹皮靴。由此可以看到那些一度隔离的社会，在接受西方文化的影响以后，尤其是年轻的一代，服装所产生的变化。在中国，改革开放后，服装发生的空前变化就是很好的例证。

现在几乎在每个国家都能看到世界各种文化混合的现象。即使在美国，也能看到中国的旗袍、印度的纱丽、非洲的短褡、土著的围裙、中东的束腰长袍等各种各样的服装。文化的传播往往通过旅游和日益进步的通讯技术。战争也不可避免地带来文化的交流。美国军用制服的痕迹在全世界各个地区都能见到，士兵或水手们将他们的服装带到世界各地，同时，也从他们去过的地方带回各种各样纪念品。

当今，广播、电影、书报、电视和网络的发展大大强化了国际时尚全球的传播。这种传播显示了服装的单一模式最终消失，同时也打破了隔离一个民族与另一个民族交往的障碍。

9. 青年

在一个强调尊重习惯、年龄和传统生活方式社会中服装变化的可能性很小，相反，一个高度崇尚青年价值的社会,服装变化和发展的可能性很大。不同年龄的人群中,只有年轻人最关心自己的形象。对他们来说,时尚是社会性的货币,是一种刺激物,刺激他们从朋友和同伴中寻求反应,获得肯定或相同价值观。

年轻人往往利用时尚作为向茫茫人海表达自身声音的手段,现代一些交友网站更加提供表达的机会。创造时髦的人往往展示最新购买的服装,传播他们所喜欢的设计师,分享他们喜欢的风格偶像,甚至是他们喜欢听的音乐。网络文化孕育了崇尚 DIY 的一代年轻人,他们能够表达喜欢与不喜欢,然后产生一大批的跟随者。

10. 妇女的解放

妇女社会地位的根本改变和其他类型的社会变革一样有着相同的效应。在妇女从属于男性的文化中,服装样式几乎代代相袭不变,有时甚至持续几个世纪。但是,当妇女摆脱从属地位、开始寻求和男子一样的平等地位时,就会发现妇女的服装风格迅速变化。

机械化生产使妇女摆脱了家务劳动,走出家门,成为社会劳动力。二次世界大战期间,妇女们接替男子到工厂工作,进而又跻身于军队。她们越来越多地介入国家政治和经济事务,不断地在经济上和社会上从男性的统治地位中获得独立。同时,她们还积极参加各项体育活动,使她们在身体上和社会上都获得了自由。20 世纪以来,女性服装越来越向男性服装靠拢。

著名服装历史学家詹姆斯·拉弗(James Laver)指出,当妇女有能力按照男人是否吸引她的标准,而不是按照是否供养得起她的标准选择丈夫时,两性的服装就会变得更为相像。因而可以概括,当妇女或多或少地受制于家庭的桎梏时,她们的身体变得圆胖,她们的服装变得刻板;当她们获得自由和地位时,妇女的服装就会发生迅速变化,男女服装的差异就会变小。

11. 科学技术

缝纫机的发明,极大地推动了服装的发展,因为它不仅奠定了成衣工业的基础,也提高了家庭仿制的速度。由于新机器的不断完善,成衣生产的成本越来越低,越来越多的人可以买得起服装产品。电动剪刀取代了一次只能剪裁几层布料的手工剪刀。在今天看来不足为奇的拉链,它的发明却导致服装结构一次小小的革命。现代工业的各种专门机器几乎使服装每一部分的操作速度大大提高,从而生产出价格低廉的服装。

除了机械化之外,化学革命也大大促进了服装的变化。在过去,丝绸一直是富人享有的奢侈品,但是,1892 年发明了人造丝(后来称之为尼龙),有丝质感的服装面向大众。接着又发明了其他的人造纤维和合成材料,它们不仅可以取代昂贵的材料,而且开拓了全新的织物领域,完全影响了服装成品的观感和触感。新的纤维和面料打开了一个新的服装世界,它们不需要过分的照料,耐洗、耐穿,而且挺括。正是人造纤维的发明,有了弹性织物,使服装设计产生了根本性的变化。当技术不断地创新和提高,服装的功能性和审美性也就得到不断的改进。

通讯和交通技术的进步也以间接方式影响服装的变化。1908 年,当世界上第一辆成批生产的汽车出现在市场上的时候,随之出现了防尘外衣、帽子、遮风镜、汽车头盔等行头。今天,航空旅游的发展要求重量轻、可拆叠的结实服装,那种笨重的体积大的服装已经被淘汰。

电影、电视在促进服装的变化时也起着作用。因为"看到"是购买欲望的先决条件,时代大众偶像穿着的最新时装影响大众的品味,导致消费需求的产生。

无论在家庭还是在工厂,科学技术的进步,机械化生产,把人们从长时间的辛苦劳动中解放出来，使他们获得了更多的闲暇时间。这不仅意味着有更多的时间休息和娱乐，而且也意味着有更多的时间参加体育锻炼，所有这些因素相互作用，一种因素的增强，对另一种因素就会产生影响作用，从而产生整个服装的变化。

三、服装变化的规律

根据服装演变的历史和学者们的研究、归纳、分类和综合，总结出服装变化的形式和规律有以下几个方面：

1. 上升形式规律

所谓“上升形式”规律，即服装最初仅仅是作为适应生活环境、遮在人体上的御寒物，样式简朴而实用。随着人类物质生活和精神生活要求不断的提高，服装逐渐向装饰化、复杂化、形式化方向发展，最终失去了服装最初的本质。服装的形式从简朴变得复杂，从轻薄变得厚重，从裸露变得完全覆盖；服装的风格从粗野变得优雅，从低劣变得精致，从通俗变得高贵，从卑贱变得尊严；服装的用法从常用变成礼用，从个体化变成公众化。

在现代，随着穿衣形式的简朴化，以前那些不作为礼服使用的服装，不知不觉地被升格为礼服并被广泛使用，例如，黑色西服取代了燕尾服被升格为晚礼服。

2. 下降形式规律

下降形式与上升形式规律的变化相反。复杂装饰的服装，朝着简朴机能性方向发展变化。人类的服装形式正经历着由简到繁、由繁到简的循环过程。

3. 两性对立规律

男性和女性的服装，无论什么场合或怎样的变化形式，总是明显地显示着差异，这就叫做两性对立规律。性别服装的对立起源于动物在外观上表现，特别是鸟兽类动物，一般为雄性比雌性在形态和色彩上耀眼夺目。原始人和未开化人的男性，为了象征和标志权威、能力、地位和身份，也多数装饰身体。

在古代，服装的结构形态几乎没有性别差异，但是，进入中世纪以后，服装就出现了明显的性别差异，男女两性的服装总是呈现对立现象。一般来讲，男性不穿女性化服装，女性不穿男性化服装。但是，在西方服装史上曾出现女性化男装，二战期间出现男性化女装。裤子曾被认为是男性化服装，裙子被认为是女性化服装。

在历史上，一般来说，和平富裕的年代，服装的性别对立比较大，在战乱贫穷时，服装的性别对立比较小。上层贵族服装的性别差别大，下层庶民服装的性别差别比较小。服装性别差别大的时候，趋向于装饰性，差别小时趋向于功能性。当人们轻视或无视服装的装饰效果，而重视服装功能时，两性的服装就有接近的倾向，甚至完全一致。例如运动服、登山服、滑雪服、宇航服和潜水服。因为这时主要的问题不是服装的性别差异，而是确保维护生命的功能。

在当今信息时代，男女两性在工作中是智力竞争，而体力竞争退之次要地位，例如 IT 行业，一些女性能够胜任或甚至超过男性，或者当男性更多关心家庭事务，例如照顾孩子等，男性服装则趋向女性化，或称之为“雌雄同体”。

4. 内衣外化规律

内衣即穿在外衣里面的服装。包括女性的胸罩、衬裤，男性的衬衫等。但是，随着时代变迁，内衣演变成外衣。昔日极具性感的男式衬衫，如今成为男性正式场合必备的服装，这反映了人类穿和脱的辩证逻辑。穿是在人体上进行包装，是体型的样式化。装饰身躯，塑造外形，同时也是束缚人体的一项活动；脱，则是显露身躯，解放人体，使之自由的一项活动。在这两项变化中，穿的趋向是装饰化、权威化、礼仪化，随之带来的是外观的华丽；而脱的趋向是简易化、功能化、实用化，随之而来的是朴素化的外观。在脱掉外衣后，期待里面露出来的内衣更具有魅力。曾经是内衣被隐藏在里面的服装，发挥出作为外衣的功能和效果，这是一种质的变化。

5. 优势支配规律

在高处的物体，总是要向低处流落。同样，服装也是从高文化集团向低文化集团传播。但是，集团势力的优劣比文化高低对服装的传播更有影响力。例如，文化落后的新兴优势集团，推翻那些具有高度文明但处于颓废腐败时期的劣势集团而居支配地位的事例很多。清王朝依靠武力灭掉了处于高文化地位但颓废腐败的明王朝，他们作为新兴势力统治中国以后，对其支配下的汉民族积极地强行推行满人的风俗。可以看出，优势的武力、优势的宗教和优势的思潮总是支配着劣势的武力、宗教和思潮，服装也是按照这个规律变化。

6. 渐变习惯规律

服装的变迁是渐渐地、慢慢地变化，逐渐使人们接受它、习惯它，日积月累，从前后历史时期比对才会发现很大的变化。由于人们对这种渐变是逐渐接受的，所以，没有什么看不惯。相反，如果服装发生急剧突变，人们就很难接受，看不惯，这是人们生理和心理的惯性现象。

服装变化的频率，有随着年代变化缩短的倾向。过去，古希腊、古罗马的妇女服装，在形式上大约600年间也没有太大的变化。但是到了近代，100年间就看到了相当大的变化。进入20世纪后，10年间就有相当显著的变化。现代由于交通、通讯、信息的发达，人们生活节奏加快，使服装的传播和普及加快，这也促进了服装变化的速度，一种样式一两年就过时了。

7. 渐进反转规律

服装的变化总是朝着有特色的方向渐进发展。如长是特色，则越来越长；大为特色，就会越来越大。这样越来越甚，到达极点后，停止、消失，回转过来向相反方向复归或从原始方向重新开始。

8. 不用退化规律

在服装上，如果哪一部分不用了，失去了其机能性，那个部分就会退化、消失。即使退化后还残存，那也是无意义的存在，只是一种装饰。例如，西服的驳头、袖口的扣子，假开衩缝合两摆的开衩，裤脚口的折边，晨礼服后腰的两粒扣子，外套的后腰带，风衣的肩袢等，在过去都曾发挥过实用功能，但现在只不过是作为装饰显示着退化的残留痕迹。

9. 融合消化规律

当一个国家、民族和地域在原有的着装生活中移来了外来的服装样式时，这两者或相互作用，或融合，或混合，或并存，这是世界各地普遍存在的现象。例如，我国的旗袍，就融合了汉、满、蒙等民族的服装特点。现代的旗袍又加进了西洋服装文化的很多因素，而中山服的出现，正是中华民族对于外来服装文化的消化性接受。改革开放后，我国的服装越发融合了西方服装的特征，同时，中国的服装元素也是国际服装设计师的灵感来源之一。

10. 不变固定规律

服装的变化流动，在一定的地域中出现持续较长时间的停止状态时，就会被风俗化，就会在那个地方固定下来。现存的民族服装和民俗服装都属于这种情况。不变固定，可以说是停滞残存的结果。

11. 国际同化规律

现代的国际关系，以维持和平，提高人类文化，确保人类的福利为目的，以国际性的联合团结为目标。伴随这种形势，在近代取得世界领导地位的欧美先进国家的服装，如称为“西服”的套装，占据了国际服装的地位，并作为世界上的共同服装普遍受到人们的承认。世界各民族一方面穿着自己特色的民族服装，一方面使用国际性的西服，这种生活方式可说是现代服装界的趋势。此外，运动休闲服装也日益成为国际性便服。

12. 顺应环境规律

生活环境包括自然环境（特别是气候风土）和社会环境。顺应自然环境是维持人体生存的基本条件；顺应社会环境是集体生活不可缺少的重要条件。因而顺应环境乃是服装变迁的一个基本因素。

在自然环境中，直接对服装有影响的是气候风土。因此世界各地因气候类型不同，服装的形式也有很大的区别。日本小川安朗先生把世界气候分为六种类型，并归纳整理了各个类型中的服装形式。

（1） 寒带极寒地区

在北极圈生活的爱斯基摩人，其服装定型是体型形（四肢包缠），具有抵抗寒冷的、积极的意志性。

（2） 热带酷暑地区

生活在热带地区的未开化的种族，其服装定型是腰绳型、垂布型（裸露全身皮肤），具有逃避暑热的、退缩的单纯性。

（3） 沙漠性干旱地区

阿拉伯、叙利亚、撒哈拉人的穿着，其服装定型是宽敞的一体型（全身包裹），具有抵抗干燥、遮热、伸展的反自然的复杂性。

（4） 多雨性湿润地区

在热带非洲、亚马逊流域、东南亚等地区，其服装定型是开放的一体型（裸露四肢），具有忍耐顺从、不活泼、迟钝的消极性。

（5） 夏干冬湿地区

在地中海沿岸、古希腊、古罗马等地区，其服装定型是垂布型（宽敞包身），具有与自然协调、开放、裸露、轻松的随意性。又如西北欧，古代游牧民族，其服装定型是体形型（标准基础型），具有对外封锁，四肢分别包裹，随顺环境，便利的适用性。

（6） 夏湿冬干地区

如日本、季风地区的人们夏天服装定型是前开型、贯头型。具有开放、宽敞、消极性；而冬天服装定型是体形型（四肢包裹），具有密闭、紧缚的积极性。

从以上情况可以看出:

第一,海洋气候型。由于海水难热也难冷,气温变化较小,湿度大,雨量多,所以在纬度低的地方特别蒸热,因而,服装必定是便于散发体表热量的开放宽敞型。

第二,内陆气候型。由于受陆地易热易冷的影响,气温变化大,湿度低,雨量少,尤其是大陆内部形成沙漠,为了避免烈日的曝晒,多穿全身包裹的服装。又因为湿度低,蒸发大,没有蒸热感,夜间很冷,这种服装也起到保暖作用。

第三,介于上述这两个气候型之间的中间气候型,还有受季风影响的地区。冬天,因从内陆吹向海上的寒冷干燥的季风而变得很冷;夏天又因从海上吹往大陆的暑热湿润的季风而很闷热。日本的气候就属于这种类型。夏天因南高北低的气压而形成高温度的气候特点,所以服装呈开放裸露的形式;冬天因西高东低的气压而形成低温的特点,所以服装也就成了密闭包裹的形状。在其中间的春秋季节,由于气候变化显著,所以服装种类必然很多,衣着生活也必然很复杂。我国也是典型的季风气候,因此,我国的服装形式历来都很复杂,春夏秋冬,一年四季各有不同的服装。

第三讲

服装流行

服装的变化是一种历史变迁过程,而服装的流行则是在一段不长的时间周期内从形成、发展、鼎盛到衰亡的过程,它是服装变化的一个局部体现。所以,人类服装的变化中包含了服装的流行史。

一、流行的概念

所谓流行,是指在一定历史时期、一定范围内、一定数量的人群,受某种意识驱使,通过模仿而普遍采纳某种生活方式或观念意识时所形成的社会现象。

流行的内容相当广泛,不仅发生在服装领域,建筑、日常用品、音乐、舞蹈、体育运动等领域都存在流行,甚至人类的思想观念、宗教信仰等意识形态领域也存在流行。但是,人们所指的流行,一般指服装的流行,因为服装文化是人类社会文化的一个重要组成部分,具有外观性特征。在诸多流行现象中,服装文化的流行表现得尤为突出,它不仅反映一种物质生活的流动、变迁和发展,而且反映了人们世界观、价值观的转变。

流行的起因很多,憧憬优越的身份和地位,对美的、新奇事物的追求等,都是产生流行的原因。在现代社会中,一些服装企业,出于商业和经济目的,也会人为创造流行。

在阶级、等级观念严明的社会环境下,流行往往受到限制和阻碍。相反,在开放的民主制社会环境下,流行容易发生,并能以较快的速度传播。另外,交通、通讯和媒体的发达,服装行业的繁荣都为流行的产生起很大的促进作用。

流行虽然不具有道德规范的普及性和约束力,但若是某种流行在某个社会群体中弥漫,其成员定会感受来自群体的压力,从而采取一致性的行为。

二、流行的本质

流行是一种社会现象,透过现象,究其本质,可以深入了解流行。下面将从流行主体、流行进程、流行特征等方面做具体分析。

1. 流行与习惯

习惯是一种稳定的行为,是长期养成的不易改变的动作、生活方式、社会风尚等。穿着习惯也是在较长时间内建立起来,并能够世世代代相传。人们遵从传统习惯时很少犯错误,但若固守传统社会就很难进步、发展或出现创造性奇迹。在穿着上,对长者的模仿为习惯,对同代人的模仿为时尚。

人的心理上存在着一对矛盾心理:惯性心理和求异心理。惯性心理,也称为从众心理,是指墨守成规,把自己埋在大众之中,人云亦云。求异心理,也称为求变心理,是指与众不同,希望突出自己,不满足现状,喜新厌旧,不断追求新奇和变化。每个人都存在这两种心理,只是所占比例不同。求变心理强的人,往往表现为性情浮躁,多愁善感,对新的流行非常敏感。他们是新流行的创造者、先觉者和先驱模仿者。当二级追随者逐渐增多时,流行被扩大化,逐渐在社会上形成一种代表“新”的势力,这种“势力”会对当时的社会成员产生一种“不模仿就意味着保守和落后”的心理强制作用,使流行向更大范围扩大。那些一开始接受不了新流行的人,这时也在从众心理的驱使下,被动地开始参与流行。此时由于这类人的参与,流行得以普及和大众化,从而该流行失去了新鲜感和刺激感。与此同时，新的流行又在寻机勃发，流行就是在人类这两种心理倾向的作用下周而复始从遥远的过去走来，又一刻不停地向未来走去。

2. 流行与模仿

流行现象产生的主要原因与人类的模仿本能相关。人们通过复制某些人的行为、意识和观念，在心理上取得与那些人同化的效果，它能够协调人与人之间的关系，或满足人们精神上的欲求，它是人类社会发展的重要因素之一。从这个意义上讲，流行现象与人类的历史一样久远。

模仿是在模仿者与被模仿者之间存在同一环境和同一行为欲求时，通过一方的刺激，另一方被诱发而产生的。人们通过对所尊崇的权威者、明星、名人的模仿，在心理上获得与其同等优越地位的安慰；通过对强者、勇敢者的模仿，企图得到同等的能力；通过对美、对时髦的模仿，来获得被赞誉的喜悦。模仿行为构成人们追随流行的社会心理基础，是流行得以传播的媒介。

当模仿以过去时代为优位，纵向时间性一代一代流传下去时就会形成某种传统习惯和常规；而模仿以新的事物为优位，横向进行空间性扩散时，就成为流行。

模仿大致分为三种：直接模仿、间接模仿和创造模仿。直接模仿即原封不动的模仿，不假思索的模仿。这种模仿产生盲目的行为；间接模仿是指在一定程度上加入自己的意志和见解的模仿，这种模仿促使流行迅速扩大；创造模仿是指有主见的、批评性的部分模仿。这种模仿形成流行的个性化现象。总之，流行是根据模仿者的模仿态度，以不同方式被人们接受和采用。

3. 流行过程中的个体分类

在流行过程中，人们对时尚的态度和行为有很大区别，可以从积极性程度上将人群分为三种类型。

（1）流行的狂热追求者

这种类型的人，有较强的求异心理，极其喜新厌旧，对新流行十分敏感，但缺乏主观性，往往盲目购买服装，因此，拥有服装的淘汰率很高。也正因为有这样的人群存在，很多流行样式只在此范围内时兴数日便很快消失。

这种类型的人，多为年轻人和经济条件较好的人。由于对新流行的敏感，他们甚至像设计师那样，关心下一个周期流行什么样式，似乎是时装设计师和生产企业的合伙人。他们有时表现为社会流行的先驱和引导者，不惜购买和体验昂贵的创意物品，引发产品批量生产和引领大众消费，然后自己从此种流行中消失，再追求下一个流行，如此循环往复。

（2）流行的理性追求者

这种类型的人，在追求流行的同时，掺入一些理性因素。他们积极地关注流行趋势，却冷静地用自己的价值观对新的流行现象加以判断，肯定其新的因素，过滤其脱离现实的过激成份，在比较和权衡的基础上，再进行改造性地模仿。在经济上，会做出客观的计划，合理安排服装的淘汰率。他们有时极为谨慎地观察周围人首先采纳的流行样式，然后再采取行动，由此加入流行行列，在当今这种人群数量变得越来越大。

流行的理性追求者比狂热的追求者更多考虑生活实际需求，比流行的从众者更加积极地关注时尚，因此，他们是流行规模壮大和普及的主力军。

（3）流行的消极对待者

这种类型的人认为流行是肤浅的，是奇装异服，甚至是一种经济上的浪费。他们很少体会流行的魅力，常常着装落伍，显出保守、不富裕或是超凡脱俗的生活态度。

这种类型的人或者是在“不要落伍”的从众心理支配下,被动地模仿他人,他们的参与使流行得以最大限度的普及。

4. 流行周期

一种新服装的出现,最初只被少数人接受,然后逐步或较快地在多数人中流行开来,成为风行一时的潮流。随着穿戴人数的增多,流行达到高潮,服装的新鲜感开始减弱之后逐渐走向底谷,直到被一种新的样式取代。这种波动过程,称为服装流行的周期性。因此,服装流行的周期分为酝酿期、成长期、鼎盛期和衰退期四个阶段。

酝酿期的时间一般较长,要进行一系列意识、观念和舆论上的准备,被称为“高层次流行”,是服装流行的初始阶段,常常被那些想通过先采纳新款式,力求不同于他人装束的人群所接受。这个阶段表现了流行的最新动向,接受人群很少,应用范围也很有限,在服装市场上的表现为服装数量有限,仅被极少数标新立异的先行者采纳。因而,服装的成本和售价都很高。

成长期,是服装流行的发展阶段,表现为流行急速地扩散。设计师们将时装发布会上具有表演性、艺术性的时装进行成衣化,结合市场流行状况,使之成为社会上的新潮式样。由于一些思想上敢于创新的消费者积极参与,在服装市场上表现为流行服装产销渐旺。

鼎盛期,这是服装流行的盛行阶段,表现为相对稳定性的广泛流行。这个阶段的时装为社会上多数人所接受,并进行大量的生产,形成了新的穿着潮流,流行也因此达到高潮。在服装市场上表现为流行服装产销均达到顶点,社会上顺应潮流的大众消费者也参与其中。

衰退期,这是服装流行的淘汰阶段,表现为流行的陈旧过时性。当流行达到顶端后,曾经风靡一时的样式已经司空见惯,失去了新鲜感和时髦感,逐渐显得陈旧落伍,虽然一些消费者仍穿用它们,但人们已经不愿支付原有的价钱去购买这些“失宠”的流行物。此时流行服装产销大大减少,只在社会上少数留守者中存留。与此同时,那些流行的“领潮人”又重新回到第一阶段。服装流行中表现的这种周期规律决定了某种服装样式只能盛行一时。当时过境迁之后,另一种新的流行必然会取而代之。

流行周期通常采用铃形曲线来描绘,它没有具体的时间度量,但有四种主要的周期形式。第一种称为狂潮,即某种流行突然产生,市场急速到达饱和状态,又突然消失。这种流行有很大的可能性在未来不会再次出现。第二种是以时尚或风格为特征的流行周期,首先设计师在国际时尚周上推出某种时尚,然后稳定地上升,市场上逐渐到达饱和状态,由于需求减少,时尚趋势突然下降。它与狂潮相比,就是在一两个季节或几年之后可能再次出现。第三种经典时尚周期。即某种样式首先被时尚设计师在国际时尚周上推出,然后被非常时髦的人和明星穿着,并出现在时尚杂志和媒体上。接着这种样式被简化并被大规模生产,从而穿着的人数急剧增加。在市场上这种样式有各种版本,并以各种价格销售。这种原创的样式一直很流行,一季又一季需求量不见减少,结果变成了经典流行。人们认为经典样式使用价值很高,因为它能够被穿着很长时间而不会过时。第四种是周期内的周期形式。设计元素包括色彩、面料和轮廓,也许样式本身没有变,但是设计元素发生变化。一个很好的例子是牛仔裤。尽管有各种变化,短款、紧窄、低腰、高腰、撕坏和水洗等样式,但是它们仍然是牛仔裤。

5. 流行的类型

(1) 自然回归型流行

反复是人类社会中常见的一种现象,人们几乎每天都在重复同样的行为,周期性地安排自己的生活。流行也是如此。一个流行诞生后，逐渐成长，为越来越多的人接受，很快达到极盛期，接着就沿着衰落的路径下滑，最后消失或转换成另一种新的流行。而且，流行总是朝着有特色的方向发展，如大是特色，就会越来越大，长是特色就会越来越长，最后发展到极点，终于出现不经济、不卫生、不方便的局面，又返回来朝着原来的方向复归。这就是自然回归型的流行，是有规律可循的周期性变化的一种流行。

（2）不规则流行

服装是文化的表征和社会的镜子，服装流行鲜明反映时代的精神与风貌，因此，服装的流行并非总是循规蹈矩。政治、经济和文化思潮的变化；战乱与和平的影响，都会及时表现于流行之中，这种受社会因素影响而产生的流行叫不规则流行。但这样的流行并非无规律可循，只要密切关注社会中政治、经济形势的动向，就可预测未来的流行。

（3）人为创造的流行

在现代社会中，消费者抱着各种目的（为了赶时髦、不落伍时代；为了提高生活效率、增加生活乐趣等）显示出对流行特别的关心。但是，由于生活节奏的加快和工种的细分造成了工作范围的局限性，绝大多数人都无暇静下心来研究和预测流行，他们只能通过发达的现代传媒工具（广播、电视、报刊、杂志、网络）掌握流行信息，这就为现代商业带来了可乘之机，最大限度地利用各种宣传媒体，人为地发布流行趋势，引导人们按照既定的方向消费。尽管现代消费者有很强的自我意识，但毕竟能够“独立思考”的人还属于少数，大多数人仍然习惯于随波逐流，每年发布的流行趋势就是引领人们何去何从，这样形成的流行即人为创造的流行。但必须指出，人为创造的流行并非凭空臆想，而是在深入研究国内外流行情报和过去流行规律的基础上，针对目标市场的需求，科学地、适时地推出的。事实上，流行趋势的形成，必须依靠服装产业部门和商业部门的直接参与，也是这些企业有计划地占有市场和控制市场的有效战略手段。

6. 流行的传播

关于流行的传播学说有很多，归纳起来可分为如下四种：

（1）西美尔的“下滴理论”

这种理论是在20世纪初由德国社会学家、新康德派哲学家西美尔（Georg Simmel，1858—1918）提出的。他认为流行的领导者是具有高度政治权力和经济实力的上层阶级，流行是通过下层阶级的模仿逐渐渗透和扩大到整个下层社会，以致使上下两个阶级间的界限变得模糊不清，于是，上层阶级的人们又创造出能象征和表现其地位的新流行，以示区别。如此反复下去，这种反复运动一旦开始，就会永远进行下去。与西美尔学说类似的还有美国社会学家、经济学家凡勃伦（Thorstein Veblen，1857—1929）在《有闲阶级论》中提出的观点。他认为，时尚是社会上层阶级提倡，社会下层阶级随从的社会现象；社会上层阶级把富有作为一种显示自我地位和势力的东西。贵妇人的服装和奢侈是对丈夫经济实力和社会地位的炫耀，是对消费和闲暇的卖弄。

他们两者的理论可以称为古典流行理论，有其特定的历史背景。这种理论曾经得到很多人的赞同，因为在过去的流行史上，上层阶级确实发挥了领导潮流的作用。但是，在现代的流行中，他们的作用就明显减弱了，这种流行理论已经无法解释现代的许多流行现象。流行的上传下模式，一方面反映了社会上层的人为了显示自己的优越地位，不断地在衣着服饰等方面花样翻新;另一方面反映了社会下层的人们不甘于在他人之后,至少希望比同一社会阶层的其他人优越。

(2) 水平流动论

随着工业化进程和社会结构的变化,在现代社会中,先进的宣传媒介能够把大量有关流行的信息同时向社会各个阶层传播,于是,流行的渗透实际上是社会所有阶层同时进行——这就是现代大众市场环境下产生的水平流动论,这种新的学说取代了传统的"下滴论"学说。这种理论指出:真正的流行领导者,是从大众内部产生。这些领导者与过去那些上层阶级相比,对周围人群的影响力要大得多。

水平模式是现代社会流行传播的重要方式。现代社会等级观念淡薄,生活水平提高,服装作为地位的象征已不再具有很高的重要性。大量流行信息通过宣传媒介向社会各个阶层同时传播,使人们不再单纯地模仿某一社会阶层的衣着服饰,也不必盲目追随权贵或富有者,而是选择适合自身特点的穿着方式。水平模式是一种多向、交叉的传播过程,是在同类群体内部或不同群体之间横向扩散的过程。在多元化社会中,每一社会阶层或群体,都有其被仿效的"领袖"或"领袖群"。

美国经济学家托马斯·金(A. Thomas King)于1963年就大众市场理论提出以下四个主要论点:

① 在流行到来之前或两个流行之间,服装产业要进行大量的广告宣传,以期使社会的所有成员都成为这个新流行的采纳者。因此,将要推向市场的新样式,在设计上就尽可能照顾到社会各阶层的需求。

② 广大消费者在各个流行季节中,可以从众多的新样式中按自己的需求和嗜好,而不是遵照上层阶级的指导来进行选择。

③ 各社会阶层在自己的生活圈子里拥有自己崇拜的流行革新者和有影响的舆论界人士。

④ 无论是流行情报,还是个人的影响,都是通过社会各阶层水平地逐渐渗透和展开的。这种渗透,具有从上层阶级向下层阶级垂直流下来的"下滴论"所无法比拟的高速度和强烈的影响力,并使社会平等化。

现代市场为大量流行创造了很好的条件。现代的社会结构也特别适合让大众掌握流行的领导权,尽管仍存在着上层阶级和下层阶级,但由于人们生活水平的普遍提高,中产阶级的比例显著增加,那种上下阶级间的古典式对立情绪已被淡化,阶级意识越来越淡薄,这非常容易引起大的流行渗透。在这样的社会环境中,传统的"下滴论"就显得没有说服力了,上层阶级的人们虽然仍可能是某个有名高级时装店的顾客,但对于他们的生活方式,大众已不感兴趣,大规模流行的领导者就在大众中。

(3) 下位文化层革新论

这是美国社会学家布伦伯格(Blumberg)在分析研究美国20世纪60年代以来的社会时提出的一种逆向传播理论。他认为,有些服装样式首先产生于社会下层,在社会下层流行传播,然后逐渐为社会上层所接受而产生的流行。现代社会中许多流行是从年轻人、黑人、蓝领阶级以及印第安等"下位文化层"那里兴起,也就是说,下位文化层掌握了流行的领导权。上层社会的人们受到这种"反阶级、反传统和反文化"的超越常规性新流行的冲击,被这种新奇、前卫样式所象征的"年轻"和"新颖"的魅力所折服,逐渐承认和接受这种流行,这就形成一种自下而上的逆流现象。因此,这种理论也被称为“逆上升论”(bottom-up theory, trickle-up theory)。典型的事例就是牛仔裤的流行。

(4) 大众选择论

这是美国社会学家布卢默(Herbert Blumer)提出的学说,他激烈地批评了西美尔“下滴论”的封建主义思想,认为现代流行的领导权并非掌握在上层阶级手中,而是通过大众的选择实现的。但布卢默不否认流行存在权威性,认为这是自我的扩大和表露。为了捕捉流行的发生机制,他还亲自到时装之都巴黎去观看时装发布会,在那里,他看到了来自世界各地的成衣厂商和商业买手在为自己的公司和商店购买自己认为将会流行的新样式,他发现这些素不相识、从未接触过的100多家客商从数百种新发表的作品中选择的为数不多的几种样式却有惊人的一致性。他还发现,举办作品发布会的高级时装设计师在未发布之前,其作品是完全保密的,他们在设计之前也从未相互磋商和研讨过,但这些设计师的许多构思却常常表现一致的共性。对此,布卢默认为,这些客商和设计师非常了解自己所面对的消费者的兴趣变化,经常研究过去的流行样式和消费者的流行动向,在近乎相同的生活环境和心理感应下就会形成某种共鸣。在表面上看,掌握流行领导权的人是这些创造流行样式的设计师或者是选择流行的客商,但实际上他们也都是某一类消费者或某个消费层的代理人,只有消费者集团的选择,才能形成真正意义上的流行。从这个意义上,布卢默认为流行的领导权掌握在消费者手里。

其实,四种流行的传播学说,暗示了流行背后的社会背景。也就是说,这四种学说分别代表了不同的历史环境:“下滴论”适合于封建社会和初期资本主义社会;水平流动说适合于二战以后的资本主义社会和社会主义社会;逆上升论代表20世纪60年代动荡的社会环境;大众选择论则是现代多样化时代的产物。由于人们所处的社会环境不同,各自的文化教养和生活方式的制约,在这个多样化的时代里,流行动态也变得相当复杂,现在,在各个不同的国度和地区中,以上四种学说所描绘的流行现象是以不同的比例程度同时出现于人们生活中。

7. 流行的特性

(1) 速度

流行速度是指采纳和丢弃某种服装样式或观念的人数与所需时间的比。有的速度很快,一夜之间烽火燎原,迅速地弥漫开来。有的流行则缓慢地进行,一点点地深入后再传播开来。因此流行速度在一定程度上决定了服装流行的周期。

(2) 广度

流行的广度是指在一定时间内,对一种服装样式或风格接受的人数多少。流行广度大是指样式或风格单位时间里在大量人群中广泛扩散,流行广度小即在单位时间里接受的人数少,这一特点可以作为衡量流行的一个指标。

(3) 极端性

在服装流行中,人们为了追求优越性,往往对流行服装进行极端化改造。例如,欧洲19世纪女性的克里诺林(Crinoline)裙撑使女性服装的体积达到极限。

(4) 循环性

某些样式的周期性如果连续进行就形成了服装的循环性。正如前面流行周期类型讲到的,有些服装流行过后,不一定完全从历史舞台上消失,说不准什么时候又以别的方式出现。

服装的循环性表现为一条连续曲线,即渐进变化的总趋势。如裙子底摆的升降,不是从最长到最短突变,而是在最长与最短之间过渡式一点点进行的(图 3-1)。经济学家乔治·泰勒(George Taylor)研究了裙摆指数理论,即经济萧条时,裙摆变长,经济繁荣时,裙摆变短。

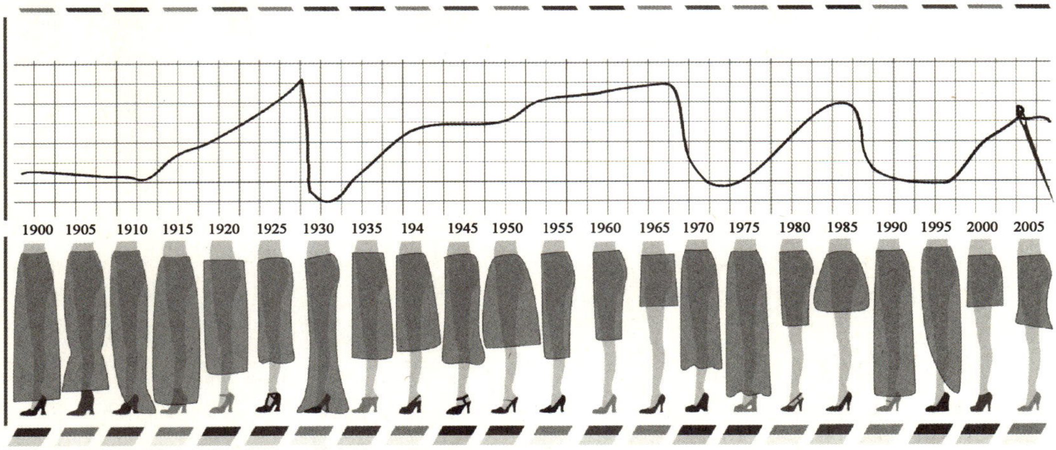

图 3-1　20 世纪中,1930 年、1975 年和 1990 年处于经济萧条,裙子裙摆变长

服装的循环变化一是取决于人们的心理特点,即人们对新潮服装的接受受到阈限的影响。如果在人们的接受能力之内,即刚好超过阈限但不构成超常刺激的时候,人们才能正常接受,人的心理特点决定了服装的演变是渐进式的。另一方面,这种循环还与人们的求变心理有关,对于新异的服装样式,人们初时满怀惊喜加以接受,可是一旦时间长了,人们适应了此种样式后阈限值开始升高,于是寻求新的刺激来激发人的感受性,这就导致了人对新潮服装的需要。在服装样式简洁利落、大方舒适情况下,人们自然地滋生出求变心理,要进行适当的装饰,往往引发人们对装饰需要向极端方向发展,最终达到了无以复加的程度,非常华美复杂,这样必然显得啰嗦,也必然带来很多不便。然后,人们又追求实用功能,对多余修饰性的部分进行简化处理,又一点点地回到出发点。人的欲望永远不会得到满足,这方面得到了满足,另一方面的需要又会出现,这种发自人类本性的能量促使服装的流动。

在服装流行史中,虽然流行服装式样数不胜数,但每种样式都留有以往的痕迹。流行始终存在,一种旧的流行服装消失,另一种新的流行服装接踵而至。而且,某种流行服装在消失几年、几十年后还会"死灰复燃",形成一种循环(图 3-2)。

英国服装历史学家詹姆斯·拉弗(James Laver)经过多年的研究,在《品味时尚》(*Taste and Fashion*)一书中有一段著名的话语,被称为"莱佛定律",即服装样式的兴衰有一定的循环规律:一个人穿上离时兴还有很长时间的时装,就会被人认为是怪物;提前三年穿戴被认为是招摇过市;提前一年穿,则会被认为是大胆的行动;正时兴的当年,穿这种衣服的人就会被认为非常得体,一年后再穿就显得过时;五年后再穿,就成了老古董;十年后再穿只能招来耻笑;可过了三十

图 3-2 1900—2010 年服装廓形的渐进变化

年后再穿，人们又会认为很稀奇，具有独创精神了。

莱佛定律说明服装的流行并非总在创新，很多情况下仅是过去样式的再现，这说明服装的流行兴衰有一定的循环规律。此规律的形成有赖于人的视觉生理和心理变化。人们对于长期始终如一的服装在视觉生理上会产生疲惫感觉，在心理上也会有厌倦情绪，为恢复和达到视觉上的生理和心理平衡，就自觉需求不断变换服装款式，追求新异样式。这种需求致使服装经常变化、反复循环。但这种服装的循环绝不是简单的以往岁月的再现，而是经过去粗取精、推陈出新的改革优选的一种过程。那些若干年前曾被人淡忘的过时服装经重新包装后富有了现代风味和情感，又隆重登场，令人耳目一新。这种新奇感恰能顺应视觉常需新旧变化更替的趋势，满足了视觉平衡的需求，重新成为时尚而再次称雄于新时期。

8. 流行的特征

（1）新奇性

新奇性是流行现象最为显著的特征。流行样式就是不同于已有传统样式,能够反映和表现时代特点的新奇样式,能够满足人们求新、求变欲望的心理。流行的新奇性既有时间内涵,也有空间内涵。从时间角度说,流行的新奇性表示和以往不同,与传统习俗不同,即所谓“标新”;而从空间角度说,流行的新奇性表示和他人不同,即所谓“立异”。标新遵循的是“新奇原则”,立异则遵循的是“自我个别化原则”。

（2）短暂性

流行的第二个特征是时间的相对短暂性,这是由流行的新奇性决定的。一种新的样式或行为方式的出现,为人们广泛接受而形成一定规模的流行,如果这种样式或行为方式经久不衰就成为一种日常习惯或风俗,从而失去了流行的新奇性,这在服装的流行中较为突出。大多数流行现象可以说是“稍纵即逝”,“风行一时”。

（3）普及性

这是现代社会流行的一个显著特征,也是流行的外部特征之一。表现为在特定的环境条件下,某一社会阶层或群体的人对某种样式或行为方式的普遍接受和追求。这种接受和追求是通过人们之间的相互模仿和感染形成的。

第四讲

服装风格

叔本华说,“风格是心灵的外貌”。香奈儿说“时尚只能一时,而风格永存”。风格历久不衰,它不会随着时间的流逝而消失,在不同时期它被以不同的方式、手法重新诠释,不断重生。对于服装设计者而言,服装设计的高级境界就是创造一种服装风格,这是相当困难的,需要将服装的外部造型与内在精神结合起来,建立在大量设计作品上,形成独特的风格类型并受到大众的认同和追求,这也要求设计师们对服装的不同风格有清晰的了解和积累,才能在自己的设计中破旧出新,开辟一条既具经典元素又富有个人特色的道路。对于离不开衣服遮体的大众来说,服装已经不仅仅为了防寒保暖,它的审美功能得到空前发展,追求时尚、追求完美就需要对服装的风格文化有一定的了解,选择符合自己审美喜好的服装风格是表现个性的方式。

一、风格概述

对小说作家来说,风格是指他/她写作的基本方法,而不是指写作的内容(尽管这两者彼此有联系),由选词、语调和句法构成。作家的写作风格是否会发生变化,取决于小说的题材和作家的观点。当作家将小说读给读者听时,风格就是读者听到的声音,这是独一无二的声音。当作家的写作发展时,那声音会改变,但是就像个性那样,基本特性已经稳定。

对编辑来说,风格是指写作的技术性细节,即语法和标点符号。这些规则根据他/她所在的不同领域而改变。例如,根据图书出版商的需求使用芝加哥风格,书名用斜体表示。使用美联社(Associated Press, AP)风格,用引号标记标题。

“风格”最早源于希腊。最初的含义是希腊人用来写字的棒子。后来演变出另一种含义,笔调或阐述思想的方式。随后它的词义范围愈来愈扩大,不再局限于文学范畴,而进入到音乐、舞蹈、绘画、建筑等各种艺术领域。资料记载,在十八世纪中叶,欧洲人才把“风格”理解为我们现在理解的意思。

黑格尔在《美学》著作中详细描述了严峻风格、理想风格和愉快风格等。我国文艺理论家刘勰也在《文心雕龙》中,把艺术作品分为“典雅”“远奥”“精约”“显附”“繁缛”“壮丽”“新奇”“轻靡”等八种风格。风格在今天被作为一种分类方法,是判断艺术品的类别、流派和发源地的主要依据。风格可以在艺术作品展示的瞬间传达出它的总体特征,具有强烈的精神共鸣和心理认知。艺术风格不仅反映了当时的时代特征,创造者的思维方式、生活阅历和艺术修养,同时也反映了受众者的喜好和价值取向,因此风格在艺术作品中占有举足轻重的地位。

服装风格指一个时代、一个民族、一个流派或一个人的服装在形式和内容方面所显示出来的价值取向、内在品格和艺术特色。服装风格反映的客观内容包括三个方面:一是时代特色、社会面貌和民族传统;二是材料、技术的最新特点和它们审美的可能性;三是服装的功能性与艺术性的结合。服装风格可源自历史和民族,源自各种艺术流派或社会思潮。风格经过历史积淀和审美积累,具有成熟性和稳定性。

二、风格与时尚的区别

时尚和风格两个词在日常生活中很常见,特别在谈论服装和着装时经常使用这两个词。由于时尚活动日趋品目繁多,这两个词已变得司空见惯,以至于人们同时谈论它们,几乎可以互换使用,很多人发现很难区分它们,但风格和时尚不是同义词。

时尚和风格密切相关,但时尚是指在某个特定时间内的一般规范,而风格可以狭义地指个人的性格特点、习性和个人的时尚。

时尚是指当前的时尚是什么,即在杂志、电视和 T 台上的时尚特征是什么? 时尚是正在时髦的。风格是每个人独特的个人自我见解,服装和配饰上的自我选择。在个人层面上,风格不断地被修改以适应每个人的个性和身体。奥斯卡・德拉伦塔(Oscar de la Renta)认为,"时尚就是根据流行打扮。风格更多的是关于你自己。"

时尚与外部相关。它关注在那儿有什么(在卖场的时尚物品)。它是在那儿有什么(时尚为主要兴趣)和我所穿服装的匹配过程。我所穿的服装与在那儿的是否匹配,是否被认为是时尚的?

风格与内部相关。是关于"在这里是什么"(我的自我感觉、我的身份、我是谁,我对自我的看法)。是这里是什么和我所穿的服装如何反映和表达的匹配过程,至少是在今天我的服装与我是谁的感觉是否匹配。

按照这种外部和内部区分,可以清晰地看到,时尚与风格之间,聚焦的倾向有很大的差异。时尚将注意力从自己移开,风格将注意力直接转向自己。此外,这种内外部的区分还能清晰地看到它们定位的重点不同。时尚注重的是服装,什么样的单品是时尚的;而风格注重的是个人。

时尚可以远离自己,保持适当距离。对某些人来说,在某些时候,可能就希望远离时尚。风格在个人与自身的关系上更加密切,因为它的重点和倾向是自我,并关注如何通过服装的选择显示和表达自我。

时尚是非常灵活、不断变化的。时髦的事物往往到明年,或者下个季节,甚至下周就变得不时髦了。一个人必须不断地跟随当令时尚,才是时尚的人,这是一件艰难的事情,因为时尚仅持续短暂的时间。一个人为了紧跟时尚,必须不断更换衣橱里的服装。不管时尚是否丑陋、或是不适合自身的个性、或是不能美化自身的体型,或是时髦的色彩一点不适合自身,那是无关紧要的,为了追随时尚,他/她必须遵从。

时尚的忠实追随者即是紧跟时尚的人,因为要想时髦必须严格跟随。时尚就是要时刻检查个人的注意力,是否在时尚圈内和亦步亦趋地跟上其他人的穿着。她会摇晃着最丑陋、难以匹配的手提包,只要包上附着著名品牌的商标。尽管她是梨形状体型,她可能穿着奥黛丽・赫本风格的紧身牛仔裤。尽管上身肥胖呈松饼形状,她会穿最时髦的、裸露腰部的低腰牛仔裤。即使是一个成年人,她却穿芭蕾舞式的拖鞋去办公室上班,让人看起来像一个孩子。

时尚的关键是它的永恒发展,它随着时间推移不断变化,它影响社会,并受到社会的影响。当世界发展时,时尚也在发展。人们可以从一个人的时尚或在一个特定时间从事的时尚事情,判定它发生于哪个年代,受到哪些社会变化的影响。时尚的采纳、演变和变化,推动社会的发展,或者是社会发展的结果。

风格具有持久和永恒的特征,因为它不需要改变。当人们改变时,它可能改变,或者这种风格和个性被重新定义。风格不依赖于服装,它可以与任何让人看起来时尚的东西相关,可以是一种独特的讲话方式,一副独特的首饰,一种承载自己的独特方式,等等。

一个有风格的人没有必要在乎当下的时尚是什么。他/她更加关注什么适合自身的体型,或者适合自身皮肤的色调和头发的色彩等。一个有风格的人能够展示在个性与从众之间如何取得适度平衡的能力,很好地把握身体的优点和缺点,总之,是关于理智对待自身的感受。风格还被认为是时尚的一种延伸,因为个体可以将时尚与自身的风格结合起来,呈现出超凡的风度。

纽约时装设计师伊莎贝尔·托莱多(Isabel Toledo)在她的《风格根源》(*Roots of Style*)一书中说,“时尚是短暂的。当你感到呈现你风格的灵感似乎枯竭时候,时尚能为你的风格增添趣味,补充灵感。时尚是表面的,所以很容易应用它。时尚是所有艺术形式中最大众化的,因为每个人每天都得为自身举行着装仪式。”

托莱多认为,“风格是挖掘个性的有效方法,是公共产物。它不属于某个人,而是属于所有人。一个真正具有风格的人是展示丰富的、深思熟虑的内心。事实是,每个人都天生有一种内在声音,作为个人风格的指路明灯。具有着装风格的人总是与他的内心取得和谐,是最真实自我的外在表现。”

很多时髦的人不一定具有风格。那些人盲目跟随时尚,不考虑时尚是否真正适合他们。然而,也有一些人具有风格,但他们不时髦。主要原因是虽然他们穿着漂亮,展示他们的身材和个性,他们穿着的不一定是时髦的。

风格应该是每个人追求的目标。风格很像生活,不能被强迫。它以自己的方式成熟,不管季节是什么,也不管T台上展示的是什么。风格有一个固有特征,总是处于休眠状态,直到一个人足够成熟,意识它、信奉它和追随它。风格按照自己的节拍前进,并不在乎别人怎么想。风格融舒适、自信和意识与一体,可以被看到、听到和感觉到。

手工裁缝网站博主(Sartorialist)曾经说过:“伟大的个性风格,是由一定比例的‘永久性’单品和方法,混合一定比例的‘有时’时尚,并有一定比例的‘从不’构成”。风格不总是时尚和穿着新的服装,它是关于一个人所展示的东西。否则,每个人看起来都是一样,没有人会拥有风格。风格是很个性的东西,就像一个人的签名,是独一无二的,没有人能模仿它,否则,一个人就容易被另一个人冒名顶替。

要想取得风格可以借助服装。使用身体作为调色板,身体上穿着的整套服装尽量像艺术作品。要想取得个性风格,有三个“你”:自己看到的你,别人看到的你,自己希望别人看到的你。一个无可挑剔的个人风格,是使这三个你尽可能取得一致。要反问自己的问题包括:这件衣服是否与我要表达的个性匹配?我的态度和心态努力实现个性吗?显示适量的创意,还是如果那样会适得其反成为一个怪异的展示吗?良好的个人风格要考虑在任何场合冒险与稳妥的适当性。良好的个人风格也要考虑到身体,尤其是体重、肤色、身高和肌肉。

三、服装风格分类

服装风格是不同类型服装相互区分的标志,不同时代造就不同服装类型,不同文化背景形成不同服装特色,甚至不同设计师也可以创造不同服装特点。因此,服装风格随着时代发展至今,呈现出百花齐放、百家争鸣的欣欣态势。目前,人们对服装风格进行各种各样的分类,但无论如何划分服装风格，它们都具有共同的特性，即具有鲜明的时代烙印。现如今经济与科技高速发展、文化多元化、服装需求多样化，设计师为了适应市场需求，引领时尚文化，需要借鉴和吸纳不同文化风格。大众生活品味也在不断提高，对时尚的诉求有增无减，也需要对服装风格有清晰了解。所以，有必要对服装风格进行分类。

不同视角有不同的分类，这里将服装分为四类：民族与地域类、历史与时代类、艺术与文化思潮类、个人品牌风格类。

民族与地域类：不同国家、不同地区的很多民族在长期生活中，逐渐形成了服装风格，这种风格具有独特的地方特色和民族风情，丰富多彩、充满趣味。如：非洲风格、中国风格、波西米亚风格、印第安风格、地中海风格等。现在很多服装设计师都取其特色精华，结合现代审美，呈现新的风貌。

历史与时代类：人类历史发展与服装发展如影随形，服装风格都具有鲜明的时代烙印，因为服装风格是受当时政治、经济、文化多方面的影响，如我国唐代服饰与清代服饰有明显不同。典型的风格有：帝政风格、中世纪风格、巴洛克风格、洛可可风格等，它们具有历史文化的积淀，也是设计中取之不竭的灵感源泉。

艺术与文化思潮类：姊妹艺术与服装艺术共通共融，艺术流派也与服装艺术具有共通性，无论形式内容或手法上都可以被服装设计所借鉴。前卫的文化思潮也拓宽了服装的设计思维。例如：波普风格、未来主义风格、解构主义风格、朋克风格、嬉皮风格等深受年轻人喜爱。

个人品牌风格类：服装是需要人的穿着和展示的，设计师不同的设计理念会形成不同的设计风格，同样，知名服装品牌将自身品牌文化溶入服装中形成相应的服装风格。一些经久不衰的明星通过电影、音乐及个人魅力展现出来的服装风格被大众狂热追捧，也可以形成一种服装风格。如香奈儿风格、赫本风格等。

四、典型服装风格解析

服装风格不仅仅是服装设计师要研究的内容，也是人们通过日常着装展现个性的有效体现，穿出适合自己、凸显气质的服装，可以表达个性、自成一派。这里介绍几种典型的服装风格。

1. 洛丽塔风格

洛丽塔一词来自西班牙语 Lolita，指未成熟的女孩，lola 是 lolita 的缩写。1955 年因美国著名作家伏拉地米尔·纳博可夫（Vladimir Nabokov）的小说《洛丽塔》（*Lolita*）人出版发行而闻名遐迩。洛丽塔为女主人翁多蕾洛斯·海兹（Dolores Haze）的昵称。书中主要故事情节是一位中年恋童癖男性亨伯特（Humbert）对他 12 岁的继女产生了性的欲望。他虚幻地想象，年轻的洛丽塔具有神话般的魅力，既具有维多利亚时期女性的美，又具有神奇的力量，他称洛丽塔为“仙女般的少女”。这个主题在西方很受争议，也正因为此，此书不仅被大量印刷,还被翻译成各种语言,其中也包括日语版本。1962 年导演史丹利·库布里克(Stanley Kubrick)改编为同名电影《洛丽塔》,1997 年被导演艾催恩·林恩(Adrian Lyne)再次翻拍成电影。

有说法认为,洛丽塔时尚与伏拉地米尔·纳博可夫的小说《洛丽塔》没有关系。还有说法认为尽管与小说的题目有关联,但是洛丽塔的含义已经不是西方文化中所指的性感含义。在日本文化中,尽管洛丽塔是英语借来词,但词义已失真,指娇小可爱、优雅和端庄,没有一点诱惑含义。在时尚中,洛丽塔仅指那些具有孩童般特征的服装,其表现特征寓意反对现代社会越来越暴露身体和皮肤(图 4-1)。

图 4-1　洛丽塔的不同造型

追求洛丽塔风格的人通过审美幻想抵制现实世界,有意识将她们自身塑造为传统的歌妓,但她们与歌妓不同,她们不服务于男性,为自身而存在。外貌上的每件物品都表明她们希望逃离真实生活。一些崇尚洛丽塔生活方式的人设法过着公主般的生活,用美的事物环顾在自身周围,从事一些"恰当"的女性化活动,例如烘焙、刺绣、缝纫和其他传统的女性活动。

很多人认为日本是洛丽塔时尚潮流的创造者,但是它的原始含义很复杂,至今还不清晰。可以肯定的是,在以"洛丽塔"名字命名这种时尚之前,其样式就已经发展得很成熟,也许是 20 世纪 70 年代后期一些著名的品牌开始销售现在认为是洛丽塔样式的服装。20 世纪 80 年代这种时尚运动在日本开始流行,并且发展很快。到了 20 世纪 90 年代,洛丽塔时尚越发被人们认识,一些著名品牌推出的复杂样式被爱好者采纳,很快得到传播,最终到达东京,受到日本年轻人的广泛欢迎,如今洛丽塔时尚已经传遍世界各地。

洛丽塔样式以瓷娃娃的样貌为基础,在服装和风格上吸收维多利亚、爱德华时期贵族服装风格,既受到洛可可和哥特风格的影响,又受到其他方面的影响,例如爱丽丝奇境记、朋克、死亡主题、孩提时的甜蜜和自私。现代洛丽塔风格包括膝盖长度的铃形裙、灯笼裤、褶边衬衫、大蝴蝶结装饰的发型、娃娃式化妆、长到膝盖长筒袜、阳伞，色彩包括粉色、浅灰蓝色、红色、白色和黑色。以下介绍三种主要洛丽塔风格：

（1）甜美洛丽塔

甜美洛丽塔很受维多利亚和爱德华时期服装的影响，是所有洛丽塔时尚中最容易辨识的一种。其主题参照爱丽丝奇境记、糖果和古典仙女童话故事。甜美洛丽塔具有洛丽塔的基本图式，增加自身独有的甜美，花卉、蕾丝和孩子气。色彩清淡柔和，包括蓝色、粉色、淡紫蓝、薄荷绿等。有时也添加一些深色，例如红色、海军蓝，甚至黑色。黑色添加到色粉笔色中，也称为苦涩的甜美。

化妆与其他洛丽塔相似，但是强调年轻和孩子气，很少采用深色，更不采用像哥特式和古典式的成熟化样式。粉色、桃红等红色调采用得比较多。眼睛化妆比较明显，眼影经常是清淡柔和色彩，一般是粉色、薄荷色和紫丁香色。头发上佩戴头巾、无边帽和蝴蝶结，拎包和钱包通常是公主样式设计，有水果、头冠、心型、星型和动物形状（图 4-2）。

图 4-2　甜美洛丽塔

（2）哥特洛丽塔

哥特洛丽塔结合了哥特和洛丽塔时尚。哥特洛丽塔服装以深色为主，包括深蓝、深红和黑色，与维多利亚时期的葬礼服极为相似，只是裙子短了一些，有宗教象征。在哥特洛丽塔中经常看到对比色系，例如黑白对比。它受到维多利亚时期哥特时尚的影响，保留了洛丽塔端庄的整体风格。主体构成是丰满铃形裙，有时也采用 A 型裙子（但极为少见），灯笼袖，经常使用哥特基本图式,例如骷髅骨、哥特十字架、头冠和哥特建筑上的物品,包括栅栏、教堂和玫瑰等。深红色口红(不是黑色)、黑色眼线,脸部化妆成白色,长发型。用当今标准来看,哥特洛丽塔十分端庄。

尽管不是所有哥特洛丽塔都是黑白对比,但是黑白对比是哥特洛丽塔的识别标志。它融入了西方哥特的深色和主题(十字架和面纱),经过大量实践将洛丽塔装饰成更加独特的样式,达到完美状态。因此哥特洛丽塔比甜美洛丽塔色彩更深,但比西方哥特更甜美(图 4-3)。很多崇尚洛丽塔的人都是从哥特洛丽塔开始,因为可以在当地找到哥特物品,而且哥特洛丽塔很好搭配。尽管哥特洛丽塔借用了很多哥特时尚的元素,但它不是哥特时尚的子样式。

图 4-3　哥特洛丽塔

图 4-4　古典洛丽塔

(3)古典洛丽塔

古典洛丽塔受到维多利亚时期服装样式的影响,有点像 20 世纪初法国和英国乡村样式的缩短版本,没有太多贵族气和矫揉造作,显得更加成熟。具有洛丽塔审美的基本图式,但强调优雅和沉稳。不像其他洛丽塔采用铃形裙样式,而是采用 A 型或帝政腰线样式。古典洛丽塔大多采用温和的色彩,例如象牙白、葡萄酒红、玫瑰色和棕色。图案多采用印花、烛光、小天使、浮雕、鸟和鹿等优雅动物。裙子长度一般到膝盖或小腿腓。褶边使用不多,一般采用相同面料制作褶边,或少许缎带,不大量使用蕾丝和大的蝴蝶结。它处于甜美和哥特洛丽塔之间,深红、深蓝和黑色,容易与哥特洛丽塔混淆,而淡色花卉与甜美洛丽塔相似。因此区分它们就是根据优雅的剪裁和印花面料,而不是大量的褶边装饰。这种样式很适合那些喜欢洛丽塔样式,但又想更加沉稳的人。鞋子不太夸张,更趋功能性。古典洛丽塔样式就像很多古典样式那样,可以参加花园聚会,作为教堂或夏天的着装(图 4-4)。

2. 波西米亚风格

波西米亚风格已有200多年历史,是一种反主流文化,在法国大革命后开始出现。由于经济和社会的快速变化,取消了富人资助艺术的赞助体系,艺术家陷入了贫穷境地。很多人过起了游荡的生活方式,穿破旧和不时髦服装。

原先,艺术家被看成是有才干和技能的手艺人。18世纪后期浪漫主义运动信奉想象,反对资产阶级生活的局限性和置理性于至关重要位置。一个新的个人崇拜开始出现,艺术家的着装方式成为榜样和个性的表达方式。艺术家成为一种特殊类型的人,不再是手艺人,而是一种具有奇特天赋的人,他们在生活和外貌上展示了他们的创造性。艺术家本人就是一件艺术作品。

人们将这种新的艺术类型与流浪的吉普赛人(Gypsies)进行比较,认为吉普赛人来源于波西米亚,即东欧和巴尔干的一个区域。因此,将艺术家和知识分子看成是波西米亚。吉普赛(Gypsy)是欧洲对罗马尼(Romani)人的称呼,他们来自印度迁移到北方的移民。“Gypsy”一词来源于古埃及,认为被社会抛弃的流浪人实际上居住在主流社会之外。今天,“Gypsy”被认为是对罗马尼人的嘲笑和冒犯。

19世纪30年代,法国波西米亚艺术群体和浪漫主义者信奉中世纪和东方风格服装样式。服装面料色彩丰富、飘逸长发和宽边帽子,艺术文化确实像罗马尼人的经典视图。小说家亨利·穆格(Henri Murger,1822—1861年)描写的波西米亚故事就是今天人们所熟悉的贾科莫·普契尼(Giacomo Puccini)著名歌剧《波西米亚》(*La Bohème*)的原型,讲述了一群艺术家和知识分子身穿陈旧外套、鞋子,凌乱的外貌。波西米亚样式演变为一种个性崇拜。经过细致计划的全身装束和配饰构成独特的外貌,如同艺术一般。波西米亚一词隐含着一种启蒙主义的晦涩难解、性感自由和糟糕的个人卫生感官。波西米亚生活反对物质主义和私人财产,注重创造和公社性生活,藐视社会传统,将他们的社会方式视为艺术。

波西米亚的这种生活方式受到审美运动的影响。审美运动反对维多利亚时期严厉的社会限制,崇尚过去的服装样式,特别是中世纪服装和东方风格设计。由于工业革命带来了大规模生产,审美运动者认为它是非人性的,因此努力提倡中世纪古老技术和具有个性化技艺物品。服装宽松、柔软,使用有机印染的多色面料,装饰手工刺绣。此时拉斐尔前派艺术家反对维多利亚时期的紧身胸衣、克里罗琳裙撑和僵硬的上身以及禁锢样式的服装。

进入20世纪,波西米亚风格基本没有变化,但转而受到年轻人的喜爱,他们希望远离他们前辈的物质主义文化。波西米亚风格催生了更多的现代反文化样式。披头族(Beatniks)朴素的黑色高翻领条纹衬衫。嬉皮士引入了牛仔、印度样式,以及女孩气的短裙。但是,当大众媒体接受了波西米亚风格后,人们开始质疑波西米亚是否还存在。当一种反文化进入主流,这种样式就不再另类。当打折商店销售农民样式的裙子,时尚杂志登载设计师设计的昂贵的波西米亚风格时,波西米亚生活的特征就变成了一种文化范式,不再是某一群体独特的样式。

尽管时尚经常引用波西米亚风格,但是对个性自由的渴望、反对现代物质主义概念、对乌托邦理想的憧憬和手工艺制品的生产,仍然是逆主流文化的选择。经过200多年的发展,波西米亚风格由很多时尚元素混搭而成(图4-5、图4-6)。

- 天然面料,波斯丽涡旋纹或花卉图案,非传统色彩组合。

• 东方风格元素（波斯、印度、土耳其和中国风格等）与中世纪历史服装元素混搭，包括长袍、和服。服装宽松、飘逸，不穿紧身胸衣、胸罩或其他限制性内衣。旧的或补丁的农民服装样式。漠视整齐统一，服装呈现多层化。袖子采用褶裥或蕾丝缘边。

• 蓬松、飘逸长发。

• 多彩领巾围在脖颈或头上，或用皮带替代。

• 多股珠子，多条手镯，非常规手工艺或不匹配的首饰。大的随意摆动的耳饰，或大的环形耳环。

• 大宽边帽子。

图 4-5　宽松的农夫式背心上衣，怀旧的花卉图案，配丹宁裤装，流浪者的手提包，衣衫褴褛，轻松愉快、漫不经心的波西米亚风格

图 4-6　波西米亚风格着装和婚礼

图 4-7　波西米亚风格手镯

3. 常春藤风格

常春藤联盟产生于20世纪30年代,是由美国东北部的8所高等学府组成的体育赛事联盟。这8所学校有许多共同特点:它们都是美国最顶尖、最难考入的大学,全世界最多罗德奖学金得主的大学联盟,全世界接受捐款最多的学府,拥有优秀的学生与师资。常春藤盟校包括:布朗大学、哥伦比亚大学、康乃尔大学、达特茅斯学院、哈佛大学、宾州大学、普林斯顿大学和耶鲁大学。很快常春藤超出体育含义,逐渐发展为常春藤风格。1954年,《生洛》(*LIFE*)杂志宣布,常春藤风格是新天堂之所,它不仅使服装工业兴旺,而且耶鲁大学就是常春藤风格的天堂。

常春藤风格是一种着装考究的男性服饰风格,20世纪50年代后期在美国东北部流行,起源于美国大学校园,特别是常春藤联盟学校。在接下来的几十年中由于一些好莱坞明星推动,例如史蒂夫·麦奎因(Steve McQueen)、西德尼·波蒂埃(Sidney Poitier)和加里·格兰特(Cary Grant),使常春藤风格风靡全世界。

与之相似的预科生风格大约产生于20世纪早期,常春藤风格与预料生风格相比,前者风格更加优雅和考究;后者风格更加休闲低调。常春藤风格在正式场合穿着,或参加哈佛法学院课程、在广场遇见年轻女生后一起共进晚餐、与父母一起参加乡村俱乐部等休闲场合穿着。预科生风格在花园聚会、帆船比赛和休闲场合穿着。预科生风格,首先注重方便、舒适,然后是样式。常春藤风格,首先注重样式,然后才是舒适和方便。

常春藤风格直接反映了那些名校的校园生活,因为只有富有和有造诣的学生才能进入这些学校。这种样式将哈佛和耶鲁的男性与其他普通学校的男生作了明显区分,特别像剑桥大学坐落在城镇,那里学院比商店还要多,常春藤风格就成为一种识别方式,一眼就被认知是那种社会圈的成员。一直到这种样式在美国东北部所有男性和女性青年中流行后才改变了这种状况。常春藤联盟学校的学生清楚知道常春藤样式,其他人只是简单地采纳它,将它看成是预科生风格的正式形式,因此一种混杂的形式出现。

最受欢迎的常春藤风格制造商是普莱斯(J. Press),紧随其后的是布克兄弟(Brooks Brothers),常春藤风格的着装标准,基本就是由这两家主导。

《常春藤》(*Take Ivy*)这本书由健介石津(Shosuke Ishizu)编著,该书以照片形式记录了一个日本摄影师和3位作家去常春藤学院实况考察的过程,抓拍了学生们的日常装束,配以简单文字,原汁原味展现了当时常春藤联盟高校学生的穿着,让很多人为之疯狂,成为男装读物圣经。书中有潇洒帅气的小伙子们在达特茅斯学院(Dartmouth College)的绿地、普林斯顿大学的拿骚(Nassau)大道、哈佛的庭院就餐的照片。

常春藤风格的第一件重要单品是西服(图4-8),几乎一半时间穿西服。特征是:

- 肩垫很薄或是没有,肩线位置在"自然肩"处。
- 方形缺口窄驳头,驳头长6.5~7.5厘米。
- 前身没有腰省。
- 单排扣,扣位偏高,使用3粒扣,最上面那颗不扣,骑在驳头上。
- 袖口开衩两粒扣。
- 背后在中间开一个弯曲的衩。
- 里面用柔软的马尾衬,与战争前流行的垫肩双排扣西服形成对比。

图 4-8　常春藤风格西服

常春藤风格的第二件标志性服装是扣下领衬衫,即领尖处有扣子,这也是常春藤风格与传统正装的区别,多了两颗扣子显得更加活泼,衬衫由牛津布制成,即一种轻薄而坚韧的棉花纺织而成,十分坚固舒适。这种衬衫最大特点是便于运动,领子不会在剧烈运动时上下翻动(图 4-9)。

图 4-9　常春藤风格衬衫和其他单品

图 4-10 网球毛衫是常春藤风格中的极品

图 4-11 乐福鞋在常春藤风格中占据的位置无法取代

毛衫在常春藤风格中也占有重要地位，也是常春藤风格的象征性单品（图 4-10）。棒球夹克、羊毛开衫、薄风衣等单品在常春藤风格中也占据一席之地。熨烫平整的斜纹棉布或亚麻裤子，没有褶裥，裤脚口翻边。

经典便士乐福鞋（penny loafers）在 1936 年由 G. H. 巴斯（G. H. Bass）鞋子公司生产，被命名为威俊（Weejuns）在市场上销售。1876 年，制革商乔治·亨利·巴斯（George Henry Bass）创立了 G. H. 巴斯品牌，简称马斯（Bass），是美国历史最悠久的鞋履品牌之一（图 4-11）。1934 年，巴斯的员工从挪威带回了乐福鞋的雏形，一双挪威渔民休闲时所着的鞋履。老板巴斯从该鞋履上获得灵感，为了更加迎合美国市场加上了鞋底，并设计了最为著名的镂空装饰性鞋面皮条——鞋面上有一条横跨的皮带，中间有菱形镂空。因为设计灵感来自挪威，所以巴斯将这双鞋以挪威语“Weejun”命名。

起初鞋面皮革开孔的设计仅仅是为了装饰,二战之后,美国常春藤学生为了和自己的父辈在服装上不同以达到思想上的分裂,从而别出心裁地在开孔中放入一便士以求幸运。一枚便士不仅仅装饰了鞋面,同时也有实用功能,因为一便士足够支付一次公用电话的费用,因此得名"便士乐福鞋(Penny Loafer)"。1950 年代,威俊鞋在美国常春藤联盟学校的学生中十分时髦,甚至供不应求,肯尼迪总统也是它的簇拥者。它便于穿脱,由小山羊皮制造,完美地补充了常春藤的正式风格,却又很随意,许多学生几乎一年四季都离不开这种鞋(图 4-12)。

图 4-12　形式低调、顶级品质的常春藤风格,最标准的穿法是搭配白色袜子,选自《常春藤》书中插图

4. 香奈儿风格

可可·香奈儿(Coco Chanel)创造了一种风格——除了每一季增添一点转瞬即逝、令人为之疯狂的时尚元素之外,更具有超越时尚变化的经典廓形和材料。时尚给予香奈儿的开始,但香奈儿风格却成为人们渴望的品牌。

图 4-13　法国服装设计师可可·香奈儿,1936 年于巴黎。多股珍珠项链是她的着装标志

香奈儿 1883 年 8 月 19 日诞生于法国索米尔(Saumur)(图 4-13)。她年轻时曾是卡巴莱歌手,就在那时获得了她的昵称——可可·香奈儿。尽管有很多人认为昵称来自于她所唱歌曲中的一首,但是她本人称是 *coquette*(卖弄风情)一词的缩写。她声称她诞生于 1893 年,由无情的未婚姨妈养大(而不是由她父母亲抚养,12 岁那年,她母亲去世时她进了孤儿院)。也许她认为矛盾的故事能够创造神秘,但是她并不需要神秘来建立她的名声,她的风格已足矣。香奈儿时尚屋起步于她的爱好——制造帽子,那时她只有 20 岁。1910 年在巴黎开设了一家小

型帽子商店，取名为香奈儿时尚（Chanel Modes），她对风格的见解使她很快得到别人的认可，因为时尚先锋女演员加布丽埃勒·多尔齐亚特（Gabrielle Dorziat）开始戴香奈儿设计的帽子（图 4-14）。

图 4-14 1912 年香奈儿设计的帽子

图 4-15 1929 年，香奈儿身穿她自己设计的泽西服装

她的生意越来越红火，使她进一步拓展到奢华休闲服装，她早期的服装设计风格以节俭为目的。泽西（Jersey），即一种有弹性的针织面料，当时只用于男性内衣。但是它有着优雅的悬垂性和舒适的触感，香奈儿创造性地运用到她的运动型服装，而且价格便宜（图 4-15）。

香奈儿商店的休闲针织服装使那些穿着紧身胸衣长大、又渴望自由的年轻女性感到新奇和激动。香奈儿本人就是那些渴望独立、充满活力、苗条和运动型女性的榜样。她的短发型和男孩子形象成为很多年轻女性的理想，她设计的直线条和箱型廓形正与这种理念吻合。她自身对色彩的品味也成为香奈儿时尚的关键因素：在她家里和着装上，她喜欢经典黑色、白色和米黄色，这些色彩是香奈儿时尚屋的基石——特别是黑色小礼服，是可可·香奈儿风格的主要样式。

香奈儿时尚屋从 20 世纪 10 年代开始繁荣，到 20 世纪 20 年代已经取得巨大成功，来自世界各地的年轻女性都穿她的设计。甚至那些买不起香奈儿高级时尚的人也都喜欢这种样式——清晰线条、短裙和较少曲线。当女孩子的母亲们还依恋紧身胸衣时候，她们却喜欢香奈儿的舒适和自然样式。

当香奈儿时尚屋到达新的高度时,推出了另一个偶像性产品:香奈儿 No.5 香水,并于 1921 面世,成为奢华性感的象征。与此同时,香水有了品牌标志 ——即交叉的两个 C,在世界各地广为人知。

在 20 世纪二三十年代,香奈儿时尚屋始终保持着它的领先地位。但是第二次世界大战袭击了欧洲,香奈儿关闭了她的商店。她说战争时期没有时尚,她与纳粹党(主要是与德国官员的风流韵事)关系使她失去了法国的朋友。但是战争结束后她的商店东山再起,因为她厌恶 20 世纪 40 年代后期和 20 世纪 50 年代早期的新时尚,由此受到鞭策。克里斯汀·迪奥(Christian Dior)的新风貌(New Look),蜂腰、溜肩和丰满的裙子呈现出女性的温柔和浪漫,这种风行一时的样式与香奈儿的直线条和箱型样式形成鲜明对比,这正是香奈儿所厌恶的。

二战使女性习惯于积极主动的生活方式,经常从事一贯以来只有男性做的工作。香奈儿发现"新风貌"不适合战后的现代女性,因此她决定重新创造女性时尚。她的经典套装:纤细的裙子和箱型夹克,使她取得了成功。短暂的几年时间她的生意再次兴旺,20 世纪 60 年代早期经常看到时髦的杰奎琳·肯尼迪(Jackie Kennedy)穿着香奈儿品牌服装(图 4-16)。

图 4-16 1962 年,杰奎琳·肯尼迪(Jackie Kennedy)身穿香奈儿品牌服装

图 4-17 菱形绗缝图案,金属双股链子,香奈儿双 C 商标

20 世纪上半叶,女性时髦双手拿着手包,香奈儿认为应该将双手解放出来,活动更加方便,故推出了手提包——绗缝图案、皮质,金色链子包带和显著的双 C 香奈儿品牌标志。两条链子包带既可吊挂在肩上,也可套在手臂上,于 1955 年 2 月推出,故取名为 2.55 扁平包,一种经久不衰的经典,多少年来,手提包面貌基本没有变,今天仍然是女孩和工作女性的地位象征(图 4-17)。

1971 年 1 月 10 日可可·香奈儿逝世，至今已有 40 多年，香奈儿时尚屋仍然生气勃勃保持着流行和经典形象。当今在卡尔·拉格菲尔德（Karl Lagerfeld）主持下，仍然呈现着香奈儿建立的风格——清晰线条、经典色彩和优雅休闲。

香奈儿风格特点：

• 简洁、优雅和舒适：香奈儿风格的关键特征。

• 黑和白：她一贯坚持的色彩。

• 水手元素：很多服装的灵感来源于水手和航海主题，有特征的条纹面料。

• 男性服装：她有独特的能力将男性服装转变为优雅和舒适的女性化服装。

• 很多配饰：经常在黑色套装外佩戴大的和多股仿制白色珍珠项链。香奈儿主张佩戴仿制珠宝首饰，她的名言是，“成千上万的金钱围绕脖颈令人厌恶，因为一个人只是偶尔成为富翁。”多股珍珠项链成为她自我着装的标志，使人造珠宝与真实珠宝一样令人们垂涎。

• 黑色小礼服：自从 1926 年以来，香奈儿就被誉为这种服装的发明者，它是香奈儿品牌的主打服装（图 4-18）。

香奈儿套装：无领箱型上衣与裙子搭配，斜纹花呢面料，经典低调优雅，完美无瑕。50 多年来经过无数次修改和更新，从未失去时尚，一直保持这种风格的连贯性（图 4-19）。

图 4-18 黑色小礼服，1959 年，可可·香奈儿在她的巴黎时尚屋中亲手完成她新的设计

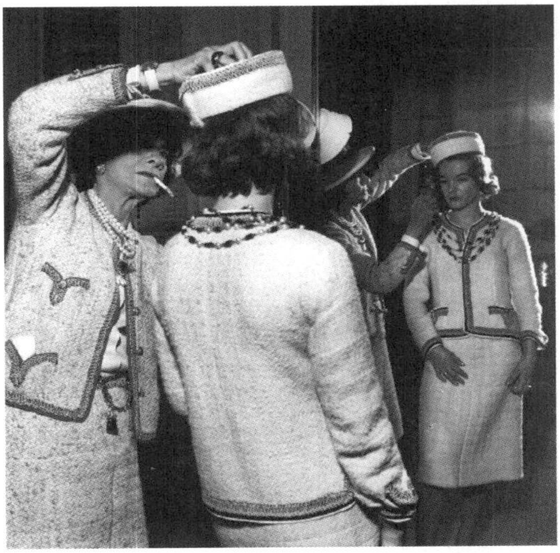

图 4-19 1960 年，明星罗密·施奈德（Romy Schneider）在法国巴黎康朋（Cambon）街香奈儿工作室试穿香奈儿风格花呢套装

- No. 5 香水。
- 山茶花,至今依然是香奈儿品牌的灵魂。
- 注重风格而不是潮流。

5. 经典风格

经典风格是指具有持久价值和永恒品质。经常指艺术、建筑、设计、服装等方面具有一流品质的物品。在商业中,被命名为“经典”的产品,表示长期流行的样式,并区别于新的品种。

“经典(Classic)”与“古典(classical)”不同,古典在音乐和建筑中频繁使用,是指某种文化样式,从古典传统中汲取灵感,也称为古典主义。

复古风格(Vintage style)是一种经典设计,但与经典风格不同,它暗示了曾是过去某个特定时期的时尚,再次似曾相识地流行。复古样式可以是经典的,但经典样式不是复古。

经典服装风格具有传统服装特点,不太受流行左右,追求严谨而优雅,文静而含蓄,以高度和谐为主要特征。能被称作“经典”,有它们的共通性。博柏利(Burberry)的设计师克里斯托弗·贝利(Christopher Bailey)曾指出,共通性中最重要的一点,就是简洁。简洁是经典物品不可或缺的重要元素,因此裁剪结构简单,但面料上等。有人问迪奥,“漂亮着装的关键是什么?”,他回答道,“没有技巧！如果有的话,有钱的女性将会花钱购买这种技巧。所有时尚都会过时,但简洁、修饰和好品味是不能买到的,这三点是时尚的根本。不管是富人还是穷人都可以学习。”

时尚是经典的初始形态,不断地发掘时尚,使其演变成经典。很多人衣橱里都有两种类型的服装:时尚和经典。两者都非常重要,但人们更加注重后者,因为它们从来不会过时。它漂亮、优雅、魅力、引人注目,几乎适合每一个人。正如设计师迈克·高仕(Michal Kors)说到:“经典与时尚必须像肉跟马铃薯一样相辅相成。”他认为,3∶7 的比例最为完美,即衣柜里 30% 潮流品和 70% 经典单品。掌握时尚与经典,能让人轻而易举保持美丽与品位。

经典风格通常不是时髦的,但时不时地它由经典变成超级时尚。事实上,一种经典风格只是某些设计元素在过去曾经出现过,并再次成为时尚,当这种时尚结束后,就会消失几年。

第一次世界大战,博柏利生产的风衣,成为跨越近一个世纪的不灭风潮。斜纹防水军用布料、肩章、腰带、金属 D 环等功能性设计,称为战壕式风衣(Trench Coat),不仅在一次大战中作为英国御用军服,而且经过年代的洗礼成为经典,低调华丽的驼色光泽面料,内搭格纹衬里,挥之不去的基本功能:温暖、干爽和舒适。

经典风格服装需要完美无缺的合体裁剪,服装不可以慵懒超大尺寸。它表达舒适,但十分注重质量。干净整洁的线条和形式的平衡,表现出稳定感。经典风格服装主要包括如下服饰。

- 白色扣下衬衫。
- 裁剪合体小西装:单排扣,一到三粒扣,羊毛或羊毛混纺面料。
- 花呢夹克:马术风格或香奈儿风格。
- 腰部清晰和膝盖长度的铅笔裙;鞘型连衣裙。
- 条纹 T 恤:最好是布列塔尼(Breton)条纹衫。
- 黑色高领套头衫;对襟马海毛衫。
- 天然色金属双排扣水手呢大衣。
- 战壕式风衣:单排扣样式,敞开时显得更加优雅;双排扣样式扣起来时更好看(图 4-20)。

- 单排扣羊毛外套:平翻领、插袋和膝盖长度。
- 裤子:直管或宽管,羊毛或人造丝与羊毛混纺面料;微喇牛仔裤(Bootcut Jeans)。
- 乐福鞋、芭蕾舞平底鞋;皮靴(图4-21)。
- 短或长的多股珍珠项链;钻石、珍珠耳钉或环形耳环。

图4-20 战壕式风衣,搭配经典香奈儿2.55包

图4-21 芭蕾舞平底鞋

第五讲

服装中的几何元素

从最单一的点与线的延伸，从一维到二维和三维，再到四维……几何，以最简单的纹路解构和拼凑出了无穷的空间和世界，用最简单的方式演绎出最复杂的神秘世界，构建出一个秩序、矛盾、冲突、和谐的统一世界。几何能以无穷无尽的、不需要定义的形式存在。几何元素存在的本质就在于：在条条框框中营造出足够多的遐想空间，解读出无尽的可能。

点、线、面、体是最基本的几何元素。点作为最简单的几何概念，通常作为几何、物理、矢量图形和其他领域中最基本的组成部分。在通常的意义下，点是零维对象，线是一维对象，面是二维对象。点的移动成线，线的移动成面，面的移动成体。

一、点

当画家在空白的帆布上画上一点,立刻使帆布有了含义。点使人的眼睛在帆布上有了集中的地方,同时帆布和点之间产生了关系。那么点的大小和多少对人的视觉和心理产生什么影响?服装中的点有哪些?这些就是下面讨论的问题。

1. 点的定义

点是造型要素中最小、最单纯、最基本的形态。

点没有厚薄、宽窄和长短,只占有一个位置。因为它一有厚度即为体,一有宽窄和长短即具有面和线的特点。然而,在造型形态研究中,只要是可见的点,就必然是占有一定空间或占有一定面积的"有形"的点。在造型表现中,如何确定哪个是点?识别方法就是把它放在特定的环境中,通过对比形成最小、最单纯、最基本的形态特点,即在视觉形态中形成点的印象。同样大小的圆在相对大的空间环境里被看作点,而在相对小的空间环境里,就被看成是面。大海中的航船与辽阔海面相比,可称航船为点;飞行中的飞机与天空相比也称为点。由此可见,作为视觉单位的点,其面积或体积大小所允许的限度决定与之相比较的另一个形态的面积或体积。在某些情况下它是一个"点",在另一场合,它有可能成为"面"和"体"。点或非点的效果不是用数字来描述的比率,而是凭借视觉的效果判断。

2. 单点和双点的心理效应

在一个平面上,如果只有一个点,人的视线就会被这个点所吸引,成为视线的集中点,也可称为视觉中心。这个点具有加强和肯定这个位置的作用,这就是单点的肯定效应。此外,由于点没有力向性,单点还具有收缩效应。这是因为单点的周围是空间,这个点要受四面八方空间的压迫,因而产生收缩的心理效应。

在一个平面上,如果有两个大小相同的点,且相隔一定的距离,那么就会因存在两个视觉中心而使视线在两点间来回扫描,点与点之间就会产生消极线的联想。这根"线"并非是直觉的产物,而是视觉心理的反映,这是由心理上的紧张和点与点之间的空间张力造成的。

如果在平面上存在两个大小不同的点,那么人的视线就会先被大点吸引,然后视线再逐渐移向小点,从而产生动感。由于大点具有较强的视觉刺激力,因而大点对小点似乎存在一股"吸力"。两点距离越近,"吸力"越大,最终视觉中心仍然落在大点上。(图 5-1 ~ 图 5-3)

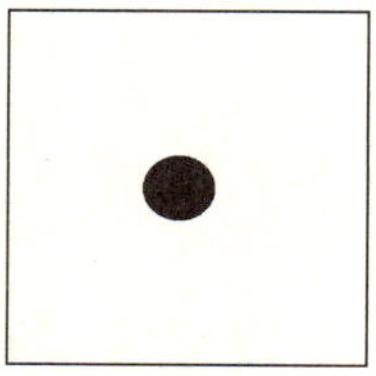

图 5-1　单点产生收缩效应

图 5-2　相同大的点之间产生消极线

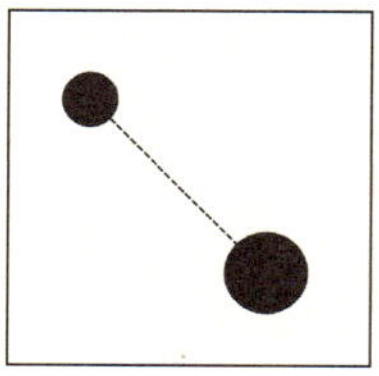

图 5-3　大点对小点似乎有一股吸力

3. 三点的心理效应

在平面上,如果有不在一条直线上但大小相同的三个点,那么人的视线就会在三点之间按两点扫描规则进行均等扫描,先形成消极的线,后联想成一个消极的三角形面空间。同样,如果是四个点，就会暗示四边形的消极面空间(图 5-4)。

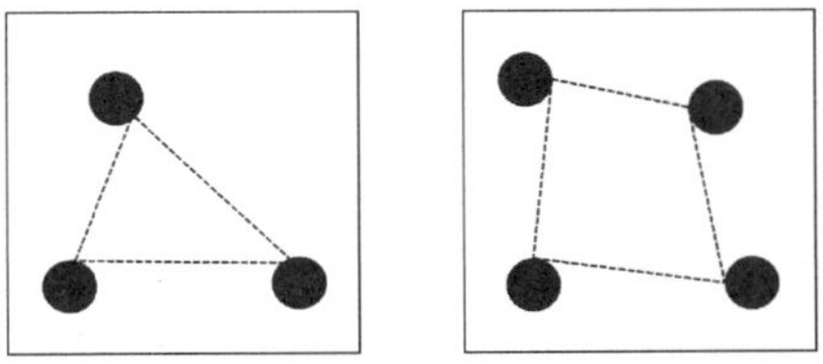

图 5-4 左图三点形成三角形消极面空间；右图四点形成四边形消极面空间

4. 点阵的心理效应

五个以上的点就可以排列成点阵。

① 将点纵横间距相等排列，行与列的方向感觉减弱，整体印象趋于平面。如针织网扣的结构看上去半虚半实，即这种点阵的纹理表现，点子大小不同呈不同印象。大点显得粗豪、有力；细点显得平缓、细密(图 5-5)。

② 行与列两者间距不等，则显示出行列的方向和此方向的动感，及行列间的节奏感。列距大于行距，则纵列的印象强；行距大于列距，则横行印象强(图 5-6)。

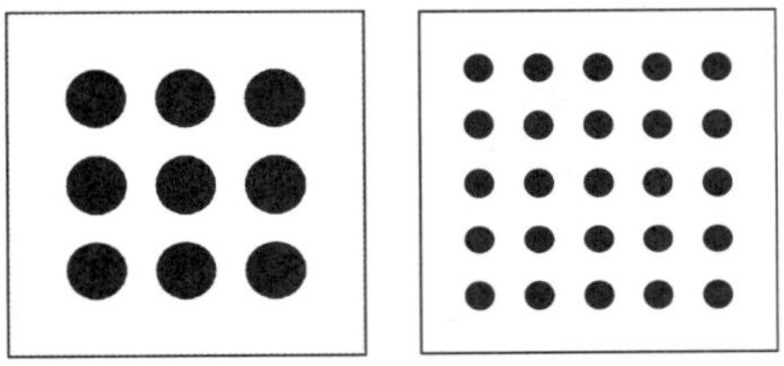

图 5-5 多点排列，形成点阵，左图粗豪，右图细密

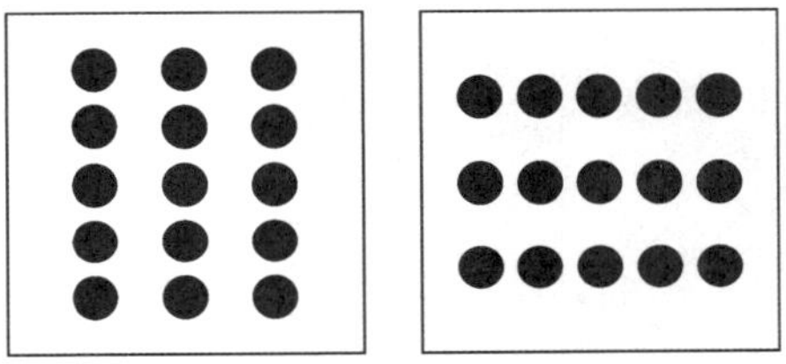

图 5-6 左图纵列印象强，右图行列强

③ 两行相错，而且每一点恰好落在上行两点中间，则任三点均为等边三角形，动感弱(图 5-7)。

④ 点子大小或间距按类似级数数列有序变化排列，具有很强的运动方向及韵律的性质。由小到大的点子排列，其动感由弱变强，而且具有由远而近的印象，表现出空间的跃动渐进性和空间的动态纵深感(图 5-8)。

⑤ 间距按级数变化的点群，产生韵律的节奏，不仅能表现优美的动态空间，而且也有纵向弯曲感。行距和列距都按级数变化的点阵，动感复杂，纵横节奏减弱，扩散或收缩感加强，也具有纵向弯曲立体感(图 5-9)。

⑥ 间距和点子大小同时渐变，节奏感和运动方向感互相衬托而更强，纵深跃动有力，若间距与大小的变化反向，则更具加速力量(图 5-10)。

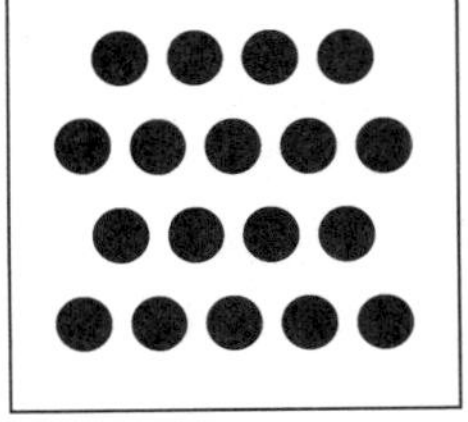

图 5-7 两行相错，动感弱

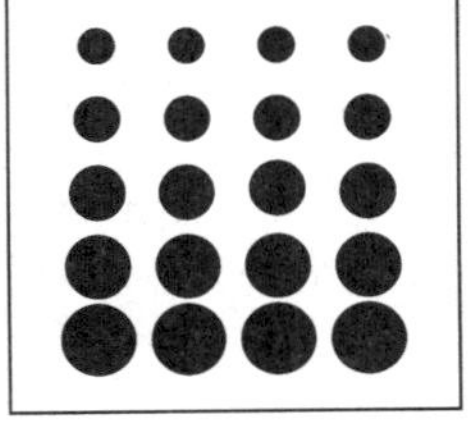

图 5-8 点由小到大按级数增大，动感由弱变强

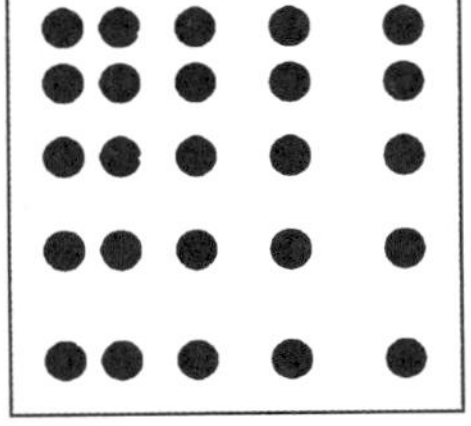

图 5-9 行距和列距都按级数变化

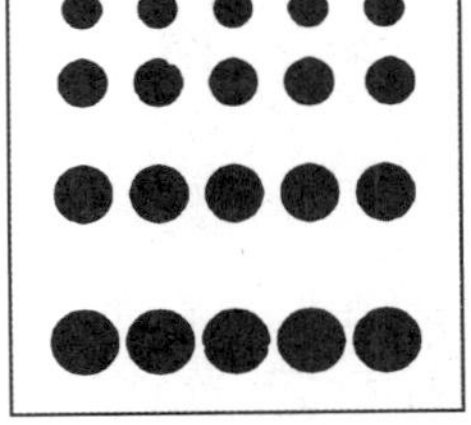

图 5-10 间距和点子大小同时按级数渐变

5. 服装中的点

指服装中与外形相比较显得相对小的东西,如钮扣、口袋、胸花、领结、点状图案等。点在服装中起到画龙点睛的作用,它具有引人注目、诱导视线的特征。

服装中常用的点有两种基本形态:一种是几何形态的点,它的轮廓由直线、弧线等规则的线包围,具有明朗、规范的特点。另一种是任意形态的点,它的轮廓由不规则的弧线或曲线包围,具有随和、自然的特点。除了形态以外,服装中还有一部分点表示一定的方向,如口袋、肩襻、有方向性的图案等。这些方向性的点能给人运动感。

点的形状和方向对烘托服装的整体美起着不可忽视的作用。几何形态的点可以强化服装的庄重感,任意形态的点可以使服装显得活泼、亲切。方向一致的点,使人感到有秩序,方向不一致的点使人感到有变化。同样一个点,安放的位置不同,突出人体特征的部位也不同,产生的效果也不一样。中心位置放一个或一组点,能产生中心对称的视觉效果。点的不对称放置可使对称的服装外形活泼起来。相同或相似的点在服装中反复出现,可以产生节奏美(图5-11~图5-18)。

图5-11　点的纵向排列,强调了服装的对称性

图5-12　点的对称安排

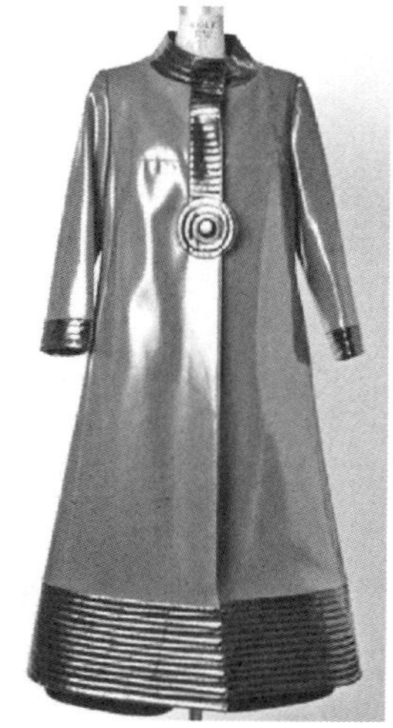

图5-13　服装中的一个点,起视觉中心作用

图5-14　面料中的点

图 5-15　面料中的点

图 5-16　胸针为装饰点，成为视觉中心

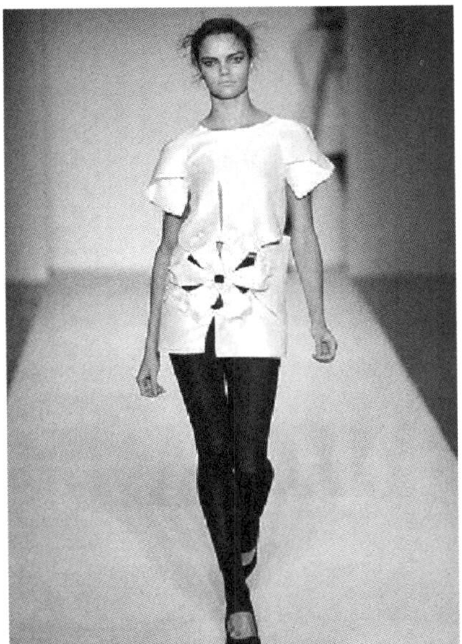

图 5-17　面料构成的图案，产生点的作用

图 5-18　花状的面料造型，上下各一，大小不等，起到重力不对称平衡的视觉效果

二、线

大自然中有很多线条，有结构性线条，如树枝；有表面的纹理，如斑马、贝壳的条纹。线与线的结合产生肌理、图形和明暗。中国书法为线形；地图用线描绘；建筑上有水平线和垂直线；人体有曲线。同样，服装上也有很多线。

1. 线的定义

线是点移动的轨迹。一连串的点也可以形成线的感觉。当点移动方向不变时形成直线；方向改变时形成曲线。线有宽度和长度，但没有深度。

在客观现实中，线实际上是面的界限，它紧紧依附于平面和体。从这个角度上认识线，称为消极线。除了消极线以外，那些以长度为主要知觉的基本形态，即左右或上下，或上左下右、上右下左等方向为主要的知觉形态，具有线的特征。点的运行轨迹，如笔尖运行的轨迹、车灯运行的轨迹以及点按一定方向的排列，即被感知为各种线。这种在与其他点、面和体知觉形态明显对比中产生的线，称为积极的线。

2. 线的分类

线可以分为直线系和曲线系两类，还可以分为几何形线和自由形线两类。直线系的种类比较少，如按方向来分有垂直线、水平直线和斜向直线；也可按长短粗细分为粗线、细线、长线、短线。而曲线系种类比较多，也比较复杂。几何曲线可分为圆弧线（即正圆形的一部分）、椭圆形曲线、双曲线、抛物线、变径曲线和涡旋曲线等。

几何曲线又称为圆锥曲线，即用一个平面去截一个正圆锥所得到的曲线。当平面按与圆锥的母线平行的方向切开，得到双曲线。当平面通过圆锥的母线而且与圆锥的轴线平行地去截，就得到抛物线。当平面在圆锥上进行横斜向截取，就得到椭圆形曲线。当平面平行于圆锥底而进行截取，就得到正圆形曲线。

变径曲线是通过半径的变换而产生的大小弧线连接而形成的，它近似于自由曲线。

- 线
  - 直线系
    - 几何直线
    - 自由直线
  - 曲线系
    - 几何曲线
      - 圆弧线
      - 椭圆线
      - 双曲线
      - 抛物线
      - 涡旋曲线
      - 变径曲线
    - 自由曲线
      - S 形曲线
      - C 形曲线
      - 涡形曲线

3. 直线和曲线的特征

粗线具有厚重、粗壮、豪放、有力、笨拙和紧张的感觉。粗线的这种感觉是由于线的宽度能产生较强的力度感。

• 细线具有轻松、敏锐、脆弱、精密的感觉，这是因为细线具有较弱的力度感。
• 长线具有时间性、持续性的运动感觉，具有速度印象。
• 短线具有断续、跃动、迟缓的动感。
• 折线具有节奏、焦虑、运动、不安的感觉。
• 圆弧线给人以充实饱满的感觉，而椭圆弧线除了具有圆弧的特点外，还有柔软的感觉。
• 抛物线具有向外运动的速度感。
• 双曲线具有曲线平衡的美，有较强的时代感。在特征上近于抛物线，稍有些呆板。
• 变径曲线具有丰富、充实而富于变化的特点，但略有僵硬感。
• 自由曲线具有柔软、流畅、奔放、自由、热情、丰富的情感。
• S 形曲线具有优雅、高贵的特征，富有魅力。
• C 形曲线具有简要、华丽、柔软的特点。
• 涡形曲线具有壮丽、浑然的气质。

形象地概括，直线具有男性气质，曲线具有女性特征。

4. 水平线和垂直线的特征

线具有方向，只要称为线，就必然有方向。所谓线的方向是指线的位置连续移动的指向性。

（1） 水平线

是指水平方向的延伸。视线按水平方向扫描，使人产生左右流动、广阔、深远、无限的心理感觉。同时，水平线具有安详、宁静、稳定、永久、松弛、和平的感觉。水平线还能让人产生疲劳、死亡之感。若水平线加上流向，则水平运动感加强。水平朝右，是一种自然顺畅的流势，表达平稳而连续的时空。水平朝左，与眼睛自然视线流动的方向相反，故有阻抗感，激发不安、动荡的感觉。

（2） 垂直线

是沿上下方向延伸的线，给人以严正、刚强、硬直、挺拔、高大、向上、雄伟、单纯、直接、庄重、权威、奋发、纪念之意味。它还能产生傲慢、孤独、寂寞之感。垂直朝上的动势，蕴含积极进取、健康上升的意象，引申为茁壮、长大、光明、未来、希望等境界和情绪。垂直朝下，则更觉得牢固沉稳，但也有衰落、沉沦的消极情绪。

5. 斜线和放射线的特征

从平衡感觉来说，斜线使人联想起倾斜物体的不稳定状态，犹如飞机升降或上下坡的运动感，所以能激发起冲破空间限制的劲度和动感。与水平线、垂直线的恒定感觉相比，斜线处于动荡不稳的情态中，充满着活跃的动力，代表着青年人力量充足的状态。与水平线、垂直线相比，斜线的视觉感染力最强。左下右上方向，代表自然的跃动和健康发达的动力，有未来、飞跃的印象。右上左下方向，融下落与动感为一，故有一泻千里的速度感。右下左上方向，不稳定感强，视线上升移动受阻抗，故而有激荡之感。左上右下方向，动势不自然，有强烈刺激感，带有沉滞、衰败、一去不返的感觉。

放射线是有交汇中心的斜线组，具有强烈的辐射、聚敛力量，又有强烈的纵深方向动感与速度。视觉效果相当集中匀称而且气势逼人。外向方向有光明、能量、热烈、豪放等感觉。射线分布小于半圆，如果中心在下，如日出喷薄；若中心在上，则犹如百川归海或江河泻下。

6. 服装中的线

凡是宽度明显小于长度的都感知为线。服装中线的形式丰富多样，大体有廓形线、色彩线条、图案线条、育克线、褶裥线、烫迹线、缝迹线、分割线等。

将两片布料缝合在一起时产生缝线,当它为了制造某种形状时,缝线本身不很重要,当它被放置在身体上被强调的某一位置时,就变得非常重要了。织物表面印上或织上几种带有颜色的线条,就形成条纹。当两种同类色接近时,产生的线条较柔和,两种对比色接近时,如黑与白放在一起时,就产生较醒目的线条。从一粒钮扣到另一粒钮扣之间,看上去似乎有一条无形的空间线条把它们连接起来(图 5-19 ~ 图 5-26)。

图 5-19　多条横向线条,产生高度感

图 5-20　黑、白面料拼接,产生横向线条

图 5-21　横向线条与斜向线条结合,产生活泼的动感

图 5-22　门襟线产生的斜向线条

图 5-23 面料上的条纹

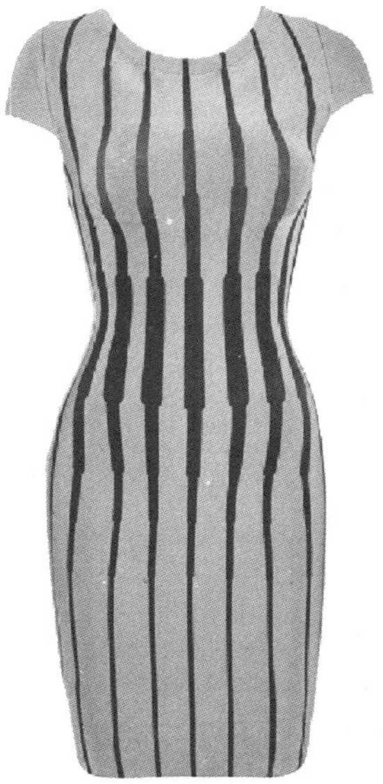

图 5-24 变化的曲线

图 5-25 条纹根据人体表面凸凹的变化而变化

图 5-26 不规则的条纹富有动感

服装中用垂直线能使人感到颀长,当两条、三条、甚至更多的垂直线平行并列时,就会加强服装的宽松感。服装上一条水平线能使人感到开阔,当两条、三条、甚至更多水平线并列时,就有增强高度的作用。单纯用垂直线或单纯用水平线会使人感到单调,把垂直线和水平线结合起来效果会生动很多。斜线可增强服装的运动感,运用弧线能充分表现女性美。褶裥也能产生线条,碎褶能产生长短不一的线条,在一点处打褶能产生放射性的斜线条(图5-27)。

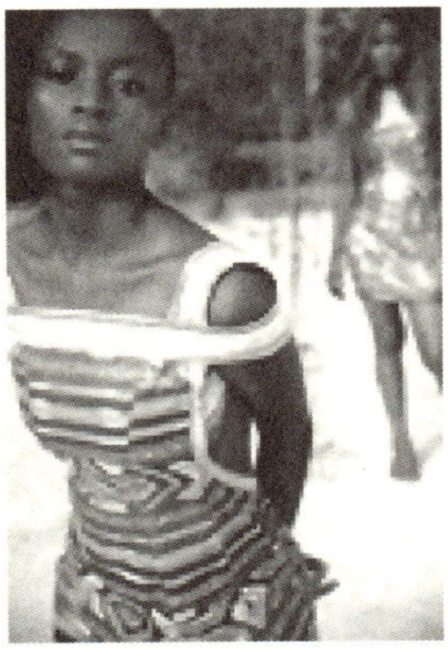

图5-27 领线形成了隐含的线

三、面

点的逐渐扩大产生了面。大片农田是一个大的面,一个建筑物就是各个面的连接,屋顶是面,天花板是面。服装上也有很多面,衣片就是面。

1. 面的定义和种类

所谓面是指二维空间的概念,或者称为两度空间。从动的角度,面是线移动的轨迹;从静的角度,面是线的围合。从直观来看,它是平面的概念;从空间意义上,面可分为平面和曲面两大类别,曲面又可分为可展曲面和非可展曲面。

可展曲面是指曲面里含有直线,如圆锥面、圆柱面等。非可展曲面是指不存在直线的曲面。如椭圆形抛物面和双曲抛物面等。这些面虽然也可称之为面,但实际上与真正意义上的平面相比,它们带有空间和立体的三维性质,所以这类面是介于二维和三维之间的形态。

面由于在各个方向的幅度、比例、曲直的不同会产生各种不同的形,所以说,凡是面都具有特定的形。没有形的面是不存在的。面分为直线系形和曲线系形。被直线围合成的面就是直线形,被曲线围合成的面就是曲线形。各种复杂的形可以根据它是以哪种线为主来确定它是属于哪类形。若是以直线为主、曲线为辅围合而成的形称之为直线系形;若是以曲线为主,直线为辅而构成的形,就称之为曲线系形。每种形又可进一步分为两类,即几何形和自由形。

2. 角度形面特征

各种角度形面的视觉效果都与形的边界线的视觉效果有关。即边界线的特征影响形面的特征。

图5-28 领子部位,采用了大块面的面

（1）正方形

由于它是四条长宽相等的直线按相同角度的组合，在方向上形成水平、垂直的等量分配，因而，向水平、垂直不同方向流动的力被遏制，产生稳定性。由于这个形态是直线的组合，组合角度又是直角，所以产生稳定感的同时，又有直线挺拔、明快、果断的特点，给人以方正、大度、刚直不阿的感觉。但也有单调、呆板之感。

（2）矩形

如长边为水平位置，则矩形给人以稳定之感；当长边为垂直位置时，则给人以挺拔、崇高、庄严之感。如长方形处于倾斜位置，就有不安全感。

（3）梯形

梯形的不同结构使得各自具有不同的视觉效果。正梯形显得庄重稳定；倒梯形则具有轻巧感；直角梯形视觉效果稳定有力；双斜梯形则在稳定中有运动感。

（4）三角形

三角形能给人以较强的刺激感。等腰三角形在视觉上不仅有稳定感，而且有进取感，顶角越小，对人的心理刺激越强。等边三角形由于三边相等，使人感到规整、稳定、均衡、锐利、醒目，是一种容易被人认识、记忆的形态。倒三角形则具有不稳定的倾倒感。

3. 其他形面特征

（1）圆形

由于正圆的所有半径全相等，外力与内力相抵消，处处显得流畅、天衣无缝，所以产生了完美、充实、饱满、统一、和谐、肯定的感觉，使人既有循环不止、周而复始的灵活动感和转动的幻觉感，又有团结圆满的感受。另外，在正圆的下部没有水平线的因素，只是一个点（假设下面有一条基线，圆弧与这条基线只共用一个切点），所以与正方形和三角形相比，圆没有它们那样稳定，给人以滚动的感受。这与人们的生活经验也有关系，因为生活中一切圆的东西都可以滚动。

（2）椭圆形

将正圆直径加以变化，边线仍然是圆弧线，形成椭圆，即椭圆是圆的一种变形。由于长轴长，所以内力不平衡，似乎按长轴方向流动。另外，由于人们日常在三维空间中形成“透视压缩”的视觉经验，椭圆有时又使人感觉似乎是正圆的水平状态。椭圆具有圆所没有的丰富、秀丽、柔和的视觉效果。

（3）自由形

是一种随作者感情变化而创造的形，具有优雅、魅力、柔和、丰富等抒情效果。但是，如果处理不好，则显得无序、散杂、混乱。

4. 服装中的面

在服装中，面的概念体现在构成和装饰的各个方面。一件服装可以看成是由若干个大小、形状不同的几何面构成的。对面的不同运用，使服装造型呈现出平面或立体等不同的视觉效果。服装中的面有凹凸性、曲直性、比例性等。从空间的角度来看，服装就是由这些不同性质的平面相互连接而成（图5-28）。

服装中对面的运用基本包括平面与曲面两种形式。服装样版就是一种平面的形，这种形最后要依附于立体的形来表达，即通过人体表现出不同的形态特征。

服装中面的主要作用就是塑造形体。运用线与面的变化来分割空间,创造形态,使服装产生适应人体各种部位形状的衣片,力求达到最佳比例,使服装形式千姿百态。

四、体

体意味着空间,没有空间就没有体的存在。体使观看者从心理上捕捉它、理解它,并分析它。一个人可以围绕体走动,有时可以走进那个体。

1. 体的概念

体是面移动的轨迹或是面的堆积及面的包围。这个移动包括面的平移和旋转。

体与在二维平面上表现出来的模拟立体感具有迥然不同的性质。体的空间感觉是真实存在的,而在二维平面上表现三维的空间效果,是幻觉、不真实的,是用二维平面,通过透视法表现的体的效果,即在二维空间表现三维的空间效果。

体,是实际占有空间位置的实体,从任何角度都可以对其进行观察、触摸、感觉其存在。因此,严格地说,体不能叫“形”,而应称为“型”。体的造型要求在不同的角度观看有不同的形象变化,以充分显示出体所独具的时间空间美。体已不是形态的基本要素,而是形态整体。

体可以分为直线系体、曲线系体和中间系体,还可分为几何型体和自由型体。从它的形态上分,又可分块体、面体、线体三类。块体是占有闭锁空间的体,有较大的体量。面体具有平薄的厚度感。线体的空间性非常小,但方向性极强。

2. 体的特征

与点、线、面相比,体有如下特征:

① 无框架。框架是指造型的外框域限。体的造型是自为性的造型,具有相对独立的造型意义,它不受任何框架的约束,如雕塑、建筑。

② 有光影和明暗。体的三维性决定体上的各个块面在同一光源的照射下,受光程度不同,因而产生亮部、暗部及投影。

③ 时间性。在固定视点上观看体不可能看见全貌,必须通过移动,移动主体或移动客体才能看清全貌,这就增加了时间因素。

分析体的特征,首先必须以线的特征为基础,因为线是体的心理效应的基础,然后再加上体的量块感特征。

直线系体具有线的心理效应,如刚直、硬实、明确的效果。曲线系体则具有曲线的优雅、柔和、亲切、丰富和轻盈的特征。垂直体如高长方体,具有垂直方向的心理效应,给人以崇高、向上、庄严、雄伟的心理印象。横向长立方体,则具有水平方向的心理效应,使人产生平静、舒展以及平易之感。圆球体具有丰满、亲切之效果,三角形体则具有安定和稳定的效果,倒三角形又具有轻盈、活泼和动感的效果。

3. 服装中的体

服装与人体之间存在着空间,称之为内空间。人体着装后占有空间称为外空间。服装越是贴体，内空间越小；服装越是宽松，内空间越大。

增大外空间有两种方法：一是扩大内空间，从而使外空间增大；二是直接增大外空间。增大服装的体积，基本手法有衬、垫、褶裥、肌理、堆积等，例如裙撑、垫肩。各种夸张的手法，目的是强调身体的某个部位，引起时尚潮流的产生（图 5-29 ~ 图 5-34）。

图 5-29 僵硬的球状短裙，扩大了内空间

图 5-30 硬纸板式服装，具有较强的立体感

图 5-31 用打褶裥方式，使服装产生体积感

图 5-32 通过面的扩张，产生体积感

图 5-33　线与面的结合,增大了外空间

图 5-34　用荷叶边的堆积,产生体积感

第六讲

服装中美的一般规律

人所创造的艺术品，甚至自然界或社会中的万事万物，若是遵循美的规律，一定是美好的事物。因此，美的服装中一定也包含美的一般规律。对服装设计师来说，懂得了美的一般规律，才能设计出好的作品；而对于着装者来说，则能穿出品味，穿出个性。

一、反　　复

反复是指当线、形、空间、明暗、色彩或肌理不止一次地重复出现反复的元素,从生理、心理和视觉上得到了强调(图6-1~图6-6)。

图6-1　规则性反复

图6-2　平行性反复

图6-3　反转式反复

图6-4　点缀式反复

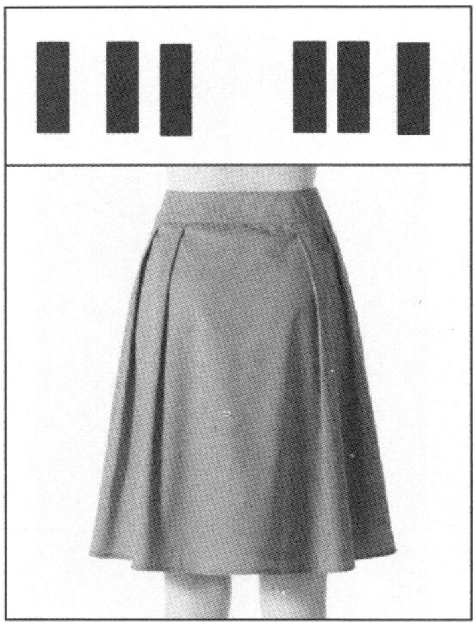
图6-5　不规则反复

图6-6　交替式反复

规则性反复是相同形状的反复,它提供了最简单的节奏形式,由于没有变化,容易陷入平凡、呆板的境地。因此,运用单纯反复时,应该想办法对细节和单元的形状做适当的改变,以免使人看上去沉闷。从某种意义上说,单纯反复是现代高度工业化社会的产物。产品生产的高度机械化、系列化和装配化。

不规则反复,在重复空间之间有了少许的变化。因为眼睛能够在稍微的变化中进行比较,所以会给人以非单一性的节奏感,效果比单纯反复节奏好得多。

反复可以垂直、水平、斜向或任意方向安排。如图,反复图形可以是平行、反转、倒置、交替和点缀(图6-7)。

反复有方向性,因为眼睛是在反复的元素上从一个到达另一个,再到达下一个。这种运动将共同的元素连接在一起。如果是水平反复,则强调宽度,如果是垂直反复,则强调高度。

反复也是一种综合原则,因为在一种设计中,相同元素在不同的部分出现,把那些不同的部分组合一起。人体的对称性使得在每一件服装上都有某种程度的反复。领子、袖子、驳头的左右两边,有时还有左右两边的口袋,裤子、裙子也是左右对称,形成反复,除非是非对称的样式。领线、腰线和裙摆线也产生垂直方向的反复。

在服装中,反复元素的使用体现在褶裥、抽褶、省道、口袋、育克、插片等的线条。还有装饰上应用反复元素,钮扣、珠饰、穗带以及一些装饰的图案,都是反复的实例。图案的反复出现,产生视觉上的统一(图6-8~图6-11)。

图6-7 倒置式反复

图6-8 面料上肌理的重复

图6-9 同一元素的规则反复

图 6-10　面料上点状物的反复,以及袖口和裙摆相同造型产生反复

图 6-11　裙摆上是不规则反复,波浪领是规则性反复

二、渐　　变

渐变是指形状或状态在连续过程中的递变,也可以说是近似形象的有秩序排列。这是一种通过雷同要素的微差关系来求得形式统一的手段。线条、形状、空间、明暗和色彩都可以采用渐变的形式,但是肌理的渐变很难通过面料获得,因此这种渐变不是很普遍。

渐变一定要遵从由量到质的变动原则,按一定比例分量逐次增减,到变化的量累积到一定程度时,图形的质产生飞跃性的改变。渐变不容许有大幅度的突变,否则就失去了渐变的和谐美。当一个形状逐渐变化,变成另一个形状时,两个不相关的或相对比的形状就形成了同一的状态。例如,红色的,经过渐变变成棕色,然后变成橄榄绿,最后变成绿色,显示出非常协调的效果。因此,无论怎样极端对立的要素,只要在它们之间采用渐变的手段加以过渡,极端的对立就会很容易地转化为统一关系,如颜色的冷暖之间、体积的大小之间、形状的方圆之间均可用渐变的手法求得它们的统一。渐变在视觉上产生柔和含蓄的感觉,具有抒情的意味。

在设计渐变时,要事先确定逐渐演化的始端和末端的量,使位置、方向以及形状、大小、色彩的变化控制在恰如其分的尺寸上,既避免简单重复的倾向,又不致于发生突变的印象(图 6-12)。

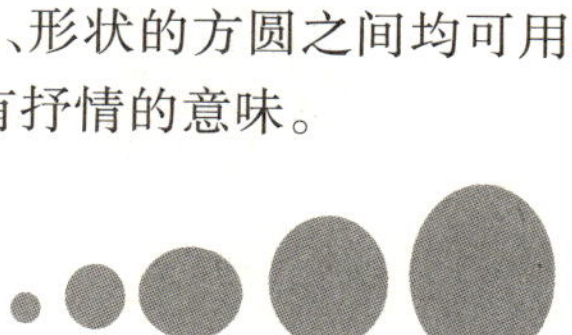

图 6-12　圆点通过渐变成为椭圆点

因为渐变是一种反复中的变化，因此它有方向性和综合性。眼睛跟随着形状逐渐增大或逐渐缩小的方向而动。

当不同大小的形状渐变时，因为有比较，大的形状显得更大、更重，小的形状显得更小、更轻。在服装上，如果采用渐变形式，这种视觉重量影响着放置的部位。大的形状，最好放置在靠近肩部的位置，或者放置在服装下半部分，使得看上去有支撑的作用。

渐变法则能协助确立主从关系，能在静止的画面上制造动的幻景，又能巧妙地把不同时空单位衔接起来。光效应艺术是运用渐变法则的一种构图形式，可以在平面上表现错综复杂的运动和光影，创造出扑朔迷离的画面（图6-13～图6-22）。

图6-13　变化性渐变线条

图6-14　线的宽度渐变

图6-15　线的方向渐变

图6-16　形状大小的渐变

图6-17　轮廓上的渐变

图 6-18 面的空间渐变

图 6-19 色调和色彩的渐变

图 6-20 面料肌理的渐变

图 6-21 面料的金色图案，由紧密到疏松，产生渐变

图 6-22　同一形态的渐变

三、节　　奏

节奏是指一定单位的有规律的重复。设计节奏是建立在重复基础上的空间连续的分段运动，它使形式富有机械的美和力度的美，在视觉上有跳动感。节奏分为重复节奏和渐变节奏。

如果是曲线形，给人感觉是流畅的跳动感；如果是渐变的，就是协调的感觉；如果运动是突变的或相对的，则给人产生休止符的停顿感。当形状不断反复，节奏的效果变得更强，但是反复不是这种效果的本质。

节奏包含多种形式。重复节奏是指由相同的形状等距排列。无论是向两个方向、四个方向延伸还是自我循环，最简单也是最基本的节奏，是一种通过简单的重复达到的统一，有较短周期性特征。

渐变节奏仍然以重复为基础，但是，每一个单位包含着逐渐变化的因素，这就淡化了分节现象，有较长时间的周期性特征。它是通过形状的渐大渐小、位置的渐高渐低、色彩的渐明渐暗和距离的渐近渐远等等形式表现的，就像音乐的力度记号（渐强 <，减弱 >）一样，发生柔和的、界限模糊的节奏，形成有序的变化。由于变化是渐次发生的，所以，强端和弱端的差异很明显，形成高潮迭起、流畅而有规律的运动形式。

在服装中也经常采用这一形式来增强外观的艺术感染力，让同样或近似的图形、色彩或材料在一套服装中反复出现，能使服装呈现出一种有秩序、不断变化的美感。节奏的使用最有效的形式是线条、形状和空间，但是还可以看到，当色彩改变色相、明暗和纯度时，产生节奏感。任何运动都有方向性，节奏使我们的眼睛跟随它的图形。在既有图形上的突然改变会产生停顿或中断，节奏就会被破坏。正是因为这种原因，服装上的功能性、结构性和装饰性方面，必须加强节奏，否则效果就会受到影响（图6-23～图6-26）。

图6-23 一组基本形状的移动，形成节奏

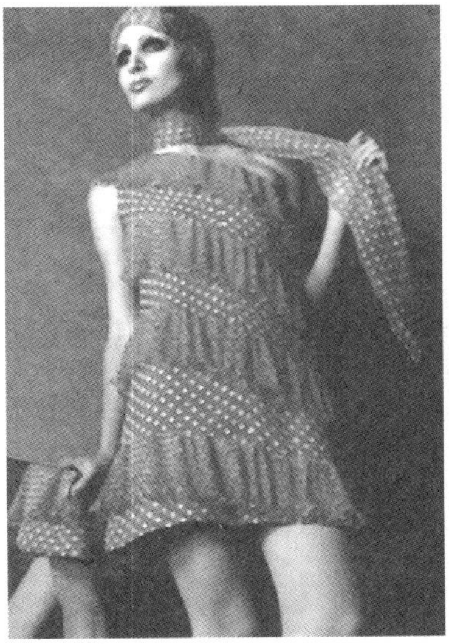

图6-24 点图形面料和荷叶边形成交替节奏

图6-25 渐变的节奏，一种形状、肌理、色彩或量的逐渐增加或减少

图6-26 规则节奏

当线、形、空间和色彩采用节奏性形式,它的心理、生理和视觉特征就会成为节奏的成分。光滑的、起伏的线条产生的节奏类似温柔重叠的波纹,使人感到平静和安宁。尖的、跳跃的线条产生力量和激动的节奏,适合戏剧性的晚装。相反地,这种侵略性的节奏也会破坏服装的整体效果。

流动的底边线条,抽褶、荷叶边、悬垂性和将服装分割成有节奏感衣片的曲线形缝线,均从结构上产生柔软的、流动的节奏;褶裥、缝迹线、褶皱和尖锐的折叠都将产生中断、停顿的节奏。珠饰、波浪花边等装饰,都能产生无穷的节奏性变化效果(图6-27,图6-28)。

图6-27　渐变式节奏

图6-28　面料图案的节奏感

四、放　射

放射是指设计的线条围绕一个中心点向外扩散,如太阳光芒,自行车轮子。视线的集中点既在中心点,又在放射的边缘,产生两个方向的拉力。因此,在中心点和边缘放置元素时需要谨慎。在放射线外边缘产生强烈的放大感觉,服装上如果放置错误,不能起到美化身体的作用。太阳光芒褶裥裙就是利用放射形态最好的事例。这种技术可以用在悬垂性的面料设计中。

放射是由中心向外展开,由内向外看有离心性,由外向内看有向心性。线条以相似的角度放射,牵引视线朝向同一方向,但是,如果放射的线条朝向相反方向,则视线先朝一个方向,然后再朝向另一个方向。放射的线条以多个方向向外发散,中心点最小,边缘最大。放射仅仅限制在使用线条、形状和空间。

在服装上,可以采用悬垂、折叠、省道、抽褶、太阳光褶裥,形成放射形状。服装中的伞形褶裥裙、喇叭裙,以及通过立体裁剪方式牵拉细褶自然形成的放射性褶皱等。以脖子、肩部、腰际、手臂、脚踝等人体上任意部位向外展开的设计大多呈放射状。如披肩领的放射状罗纹、经过处理向外扩张的领子等。除此之外,依靠工艺和装饰在服装上塑造放射形也是比较常见的(图6-29～图6-31)。

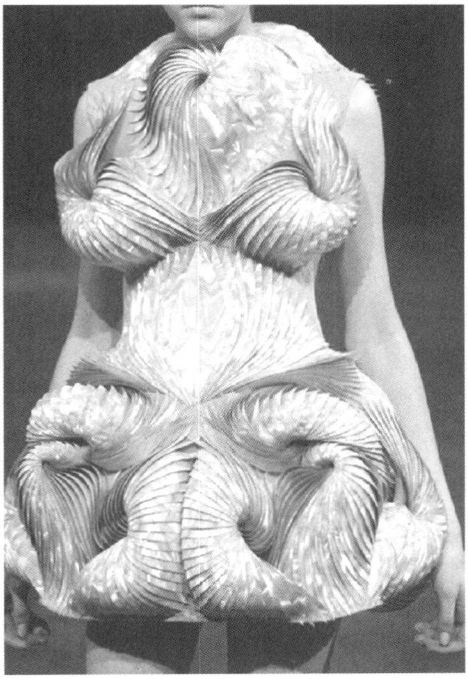

图6-29　放射线条的仿生设计(左);中心放射,产生立体感(右)

图6-30　太阳光芒式褶裥裙

图6-31　运用立体裁剪手法,以乳沟处为放射中心,恰好胸部隆起部位呈放射线条

五、调　　和

调和主要指各构成要素之间在形态上的统一和排列组合上的秩序感。在不同造型要素中强调其共性,达到协调及调和。形与形、色与色、材料与材料之间的和谐调和,具有安静、含蓄的美感。各因素之间要想取得调和,必有一定的共通线索贯穿其中,以不同的程度和形式把它们结合在一起,求同存异是调和的本质。当两种或多种色彩取得调和,是因为它们之间有一种共同的色彩,例如,红色和橙色中都有红色。在造型上的调和,就是要在构形的诸元素中,汲取其具有凝聚力的共通或相关的因子,让它们共存于视野中而不会引起强烈的视觉冲突。

同质因素的结合最容易达到统一、协调,提供吻合的秩序,因而是最易取得调和的方式。由于同质,各因素就缺乏变化,所以必须在次要方面设法作一些变化。

近似结合是在共通的主导下把不同因素结合起来。由于性质相近,它们就具备维系的纽带,形成调和。这种调和效果很动人(图6-32)。

图6-32　色彩中包含共通色——红色

异质结合最难得到调和,也最难处理。异质因素同在一处对照

很强烈，相互衬托有力，但共通性缺乏，常常互相拒斥，但如果能抓住共通线索，那么这种险中求胜的调和很具有特色。例如，一圆一方相拒，但若符合内接、外切之类的关系就具有共通线索了（图6-33，图6-34）。异质的因素，利用其他次要的近似或同质因素联系，是不调和中求调和的方法。例如，方形用圆角配圆形。

服装造型的调和，一般通过类似形态的重复出现和装饰工艺手法的调和一致实现。例如，口袋、领子、克夫，如果它们根据服装的形式都同时采用柔和的曲线或直线条或有角度的线条，那么将取得调和。调和可以通过单色或调和色的组合取得，如果使用中间色，可以将两种补色取得调和。红色和绿色可以成功地结合在一起，如果中间色采用红棕或绿棕，则将取得调和。这种连接过程称之为过渡，对于一些相反的线条、形状、肌理、色调或色彩可以采用这种形式进行过渡。色调从淡色过渡到深色，形状从光滑过渡到方形。

对于一件服装如何取得调和，即服装的功能、结构和装饰三个方面必须彼此协调。这就意味着，场合、气候、尺寸、性别、年龄、个性色彩、生活方式和个性都需要考虑。即使设计得很好，如果不能达到预期目的，就不是成功的设计（图6-35～图6-37）。

服装和配件也必须和穿着者的生理特征取得调和。高个子或魁梧的人可以穿大胆的设计，而较小身材的人就显得过大。面料的设计和肌理同样需要考虑穿着者性别和年龄，才能取得调和。

然而，完全相同的东西将是十分令人厌烦的，因为那是一种极端的重复，是可预见性的，相当稳定。一定程度的变化能够阻止这种乏味性，最好的方法就是通过一些未预期的对比细节使观者驻足观看。

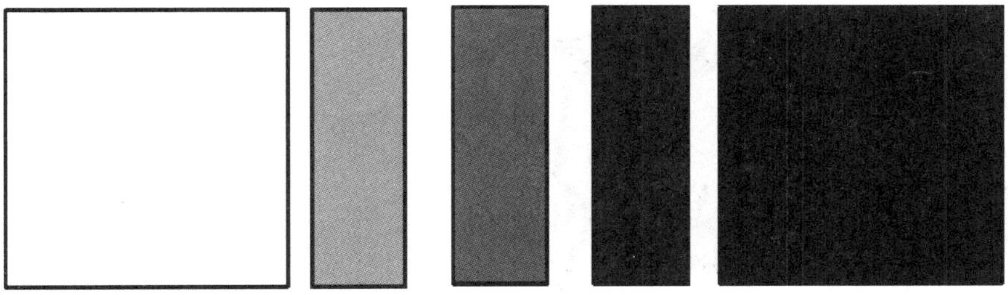

图6-33 黑白的两极通过中间色过渡，由灰白到深灰白再到黑灰到黑色，从而取得调和

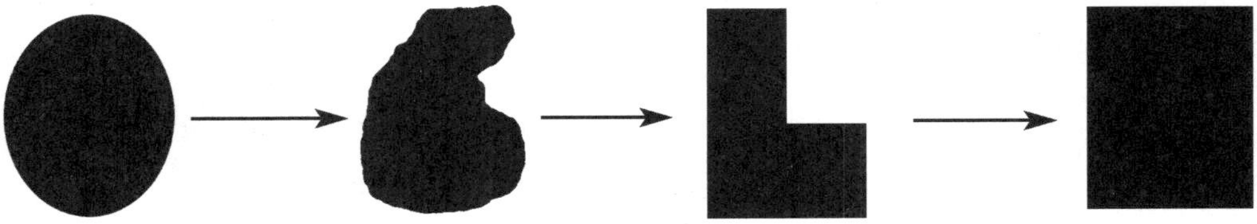

图6-34 形状的过渡，从圆形过渡到方形，完全对立的图形取得了调和

图 6-35　西服裙子套装，与办公室的气氛很调和

图 6-36　蕾丝短裙套装与办公室的气氛不调和

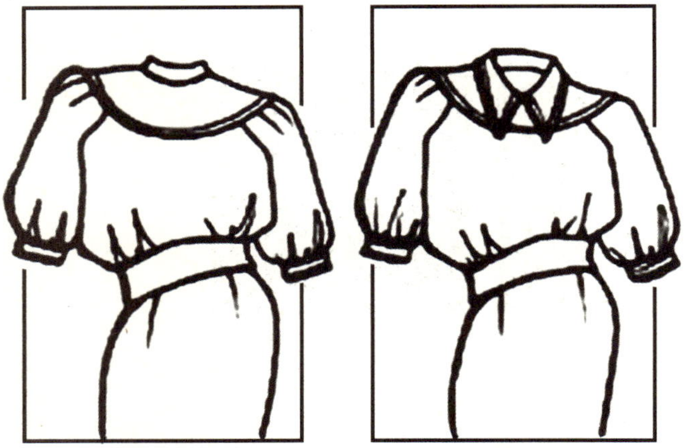

图 6-37　反复出现的圆弧形线条，产生调和（左）；圆弧形的育克，尖形的领子，产生不调和（右）

六、对　　比

对比是指强调表现各形式要素间彼此不同性质的对照，是表现形式间相异性的一种法则。对比就是对立、冲突、紧张。

大小或强弱的两个对象放在一起比较时，由于衬托与抗争的作用，大的比孤立看时要大，强的比孤立看时要强。因此，对比必须有两个或多于两个不同因素相处，相结合才能实施。

对比可以分为并置对比和间隔对比。并置对比指两种对比形式要素并置在较小的平面或空间内。由于相对集中，其效果比较强烈，容易引起人们的兴趣。常常成为造型的重点和趣味中心。间隔对比是指在两种对比形式要素之间隔开一定距离的对比。这种形式一般不易产生构成的高潮，而是产生呼应的形式。

对比还可分为继发对比和同时对比。继发对比是通过继发的两段不同时间的网膜刺激对比，产生更强烈的视觉印象，例如由亮处走进暗处，看过红色看绿色。同时对比是指在同一时刻观察在同一空间的两个对照对象而产生的激化感觉。

由于对比对人们感观刺激有较高的强度，所以使人的感观兴奋，使形式具有生命力，可以说对比是形式构图对象而产生的激化感觉。

纯粹对比就是当两种或更多种元素之间完全没有相关性，即完全没有共同性。在一种调和的设计中，可能会产生单调乏味的感觉，因为元素完全相同，没有开始、没有结尾、没有焦点、没有运动、没有计划。但是，如果有太多的对比，将失去协调，因为在各个元素之间产生紧张的竞争，那是一种不安宁、不满意和不完全的感觉。一种很细小的对比，可以打破单调性，产生完全的感觉。

对比有很多种，从元素完全不相关的对比，到元素细微差别的对比，在两者中间有无穷的对比。一条线条可能是直的、微微地弯曲、或者圆弧形。一种色彩可能是红色的、红绿色、灰色、绿红色、或者绿色。一种形状可能是满的、半满的或者空的。对比可以是各种各样元素各自对比，也可以是将元素结合起来进行对比。可以将红色的正方形和绿色正方形对比，可以是闪亮的红色正方形和淡绿色正方形进行对比，可以是闪亮的红色半圆形和淡绿色正方形进行对比。

对比起着增强作用，因为极端的差异放大了对立面元素。它可以是大胆的、令人激动的，也可以是侵略性和扰乱性的。正是这个原因对比元素的放置很重要。要避免将对比元素放置在服装的无关紧要的部位，因为那些部位将看上去变大，结果吸引了注意力（图6-38～图6-44）。

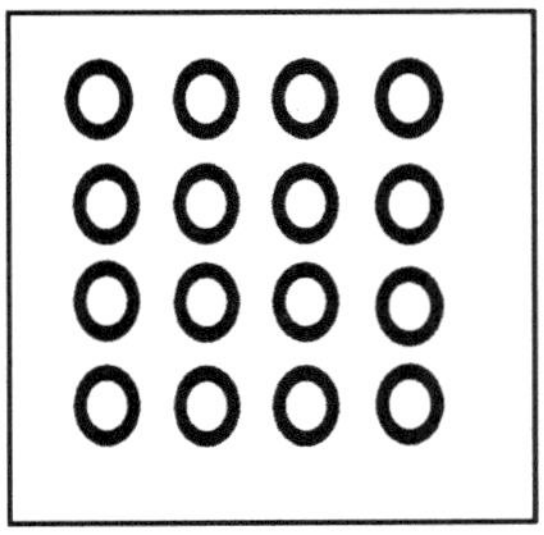

图6-38　没有对比，图形完全相同，显得单调

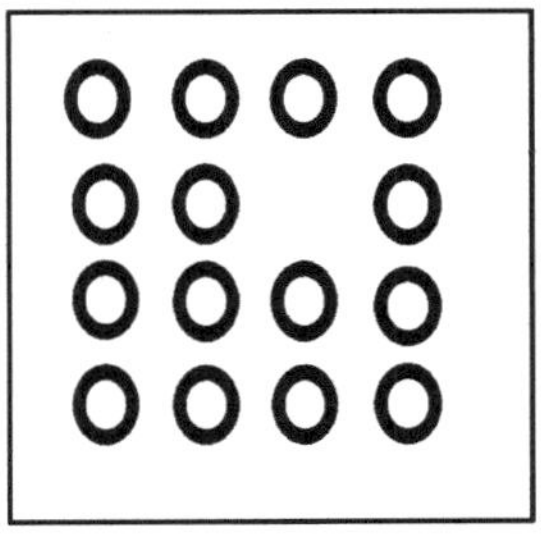

图6-39　很小的对比，产生变化和兴趣

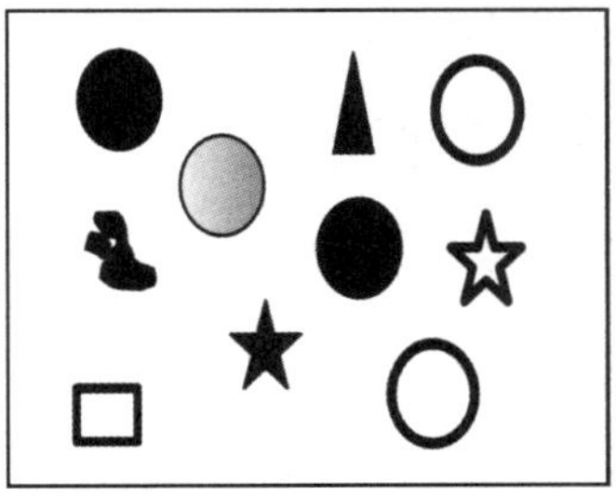

图6-40　太多的对比形状，产生混乱感觉

图6-41　色彩对比

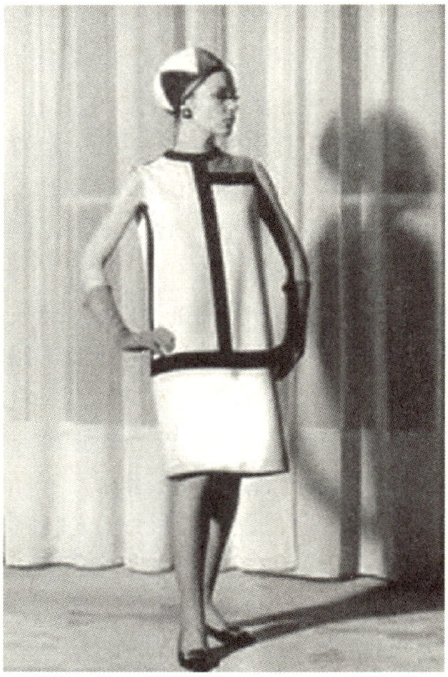

图6-42　线的对比

图6-43　块面的对比

图6-44　图案的对比

七、支 配

每一种设计都应该有一个集中点，即它是由其他要素支撑的兴趣中心。

一件服装怎样才能设计得好，就是要有一个最强的特征支配着整个主题，其他细节紧随其后，强化这种主题，例如，一件连衣裙上有大胆的动物图案，只需要很小的设计细节，简单、干净的轮廓，因为动物图案占有主导地位。增加任何其他要素将搅乱这件服装，破坏整体效果。

如果没有支配要素存在，视觉变得乏味和焦躁不安，视线扫视设计，寻求组织性。如果几个要素具有相等的视觉力量，视线被各种需要注意的要素分散，从一个要素跳到另一个要素，企图寻求最重要的要素。

服装的结构、功能和装饰应该给予观者一个起支配作用的要素。例如，如果一件纤弱的淡粉色晚装上系上一根黑色皮革腰带，这两种风格相冲突，破坏了设计的统一性。

任何设计或法则都使用支配的要素，因为支配是强调性质，支配要素的本质就是强调。从这个意义上，一个大的绿色点子，着落在一件亮丽的黄色连衣裙上，那么这个绿色点子要比落在20个大的绿色点子中间显得更大、更绿，因为它是注意力的唯一中心，这种强调性质可以用来牵引视线离开有问题的区域。例如，一条裙子的裙摆上装饰着宽宽的边，就会将注意力从大的胸部移开。

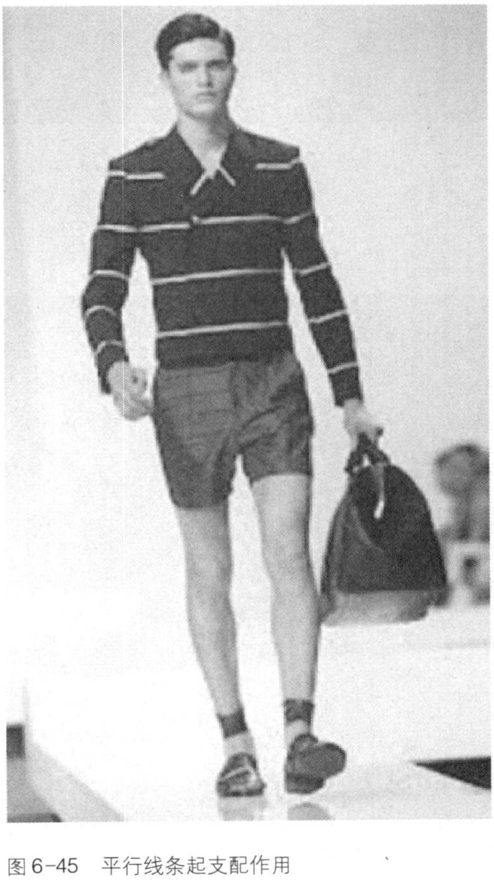

图6-45 平行线条起支配作用

尖的、粗的线条比柔弱的、瘦的线条更有支配力，闪亮的质地比暗的质地更有支配力，亮丽的、暖色比暗的、冷色更有支配力。

具有安静的、后退的要素最好承担支撑作用，增强设计的主题和支配要素。同时，它们不应该是无足轻重的。任何对设计不起肯定作用的要素，都应该省去。

在结构上，起支配的要素包括：轮廓、面料的色彩、质地和内部的形状，例如衣片的线、缝线，嵌入式的要素包括口袋、缠绕、腰带、领带和领子等。起着支配作用的装饰包括：服装前面的钮扣，或者晚装裙上精致的装饰珠片（图6-45～图6-50）。

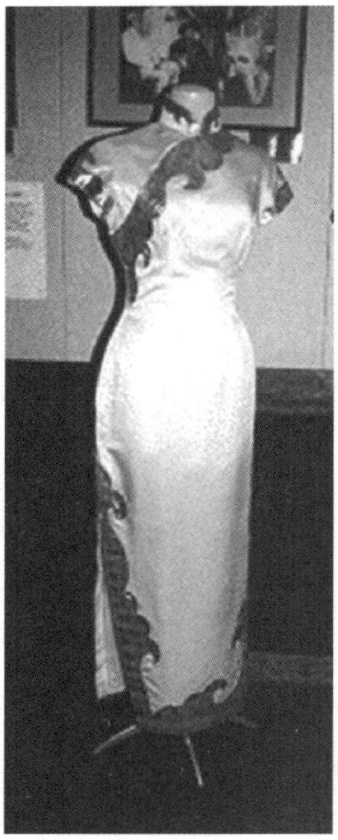

图 6-46　旗袍衣襟的镶边是支配要素

图 6-47　面料的印花占支配地位,轮廓处于次要地位

图 6-48　图案占支配作用

图 6-49　支配性的裘皮质地

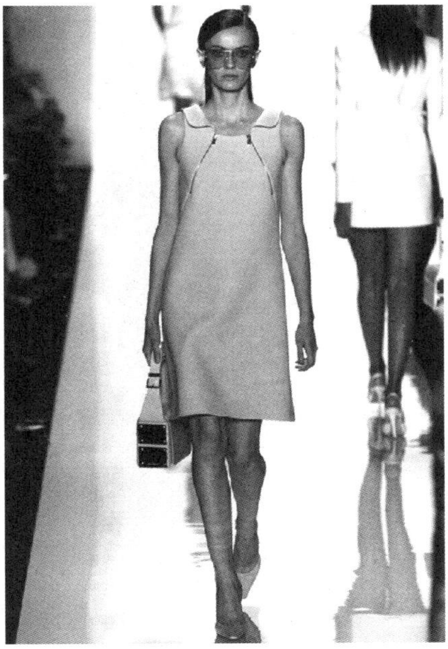

图 6-50 支配性色彩

八、比 例

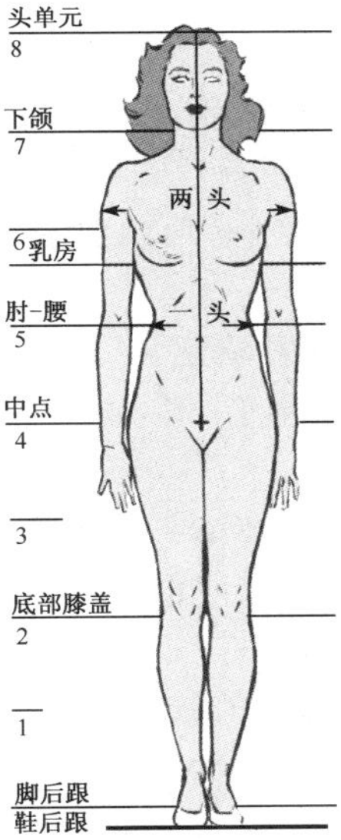

图 6-51 理想女性体型从头到腰节线是 3/8，从腰节到脚后跟 5/8

比例是指局部与局部、局部与整体之间的关系。比例由距离、大小、数量、程度和局部决定。

人们最初判断是从整体开始，然后开始寻找局部进行比较，分析它们的差异和相似之处，这就使比例成为一种综合法则，因为比较的过程将各个分开的局部统一起来。黄金分割是一种完美的比例。它是非常有用的一种比例，因为它提供一种平衡分割的数学方法。黄金比例的可人之处在于设计的所有部分不需要精确地相等，但是，在各个不等的局部之间能够取得视觉上的舒适关系。

黄金分割的基础比例是 3∶5∶8 或 5∶8∶13，即较小部分与较大部分的关系，与较大部分和总体的关系相同。这种比例关系与女性体型密切相关。理想的体型大约是 8 个头的高度，从头到腰节线是 3/8，剩余的 5/8 是从腰节到脚后跟（图 6-51）。当自然腰线升高或降低，或者采取其他的分割方法，在黄金分割的指导下，可以取得比较满意比例（图 6-52 ~ 图 6-54）。

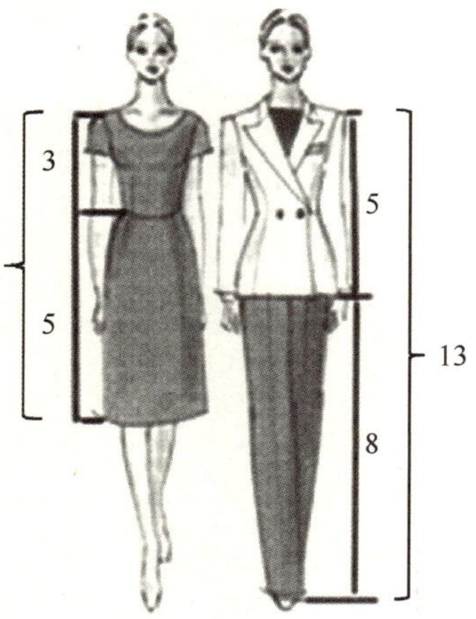

图 6-52　黄金分割比的应用

图 6-53　未采用黄金分割

图 6-54　采用黄金分割

体型的问题就是违背了社会设定的“理想”体型的标准，服装的比例能够从视觉上纠正体型的比例问题，特别是通过线条、色调和其他的设计元素和法则产生的视幻效果来增强。

因此，一个矮个子的人或一个腿长的人可以将腰带系在臀部较低位置或穿低腰线的服装调整不完美的比例，取得更加均称或完美的视幻。当然，这也能夸大不完美的比例。如果矮个子和长腿的人将腰带或腰线提得很高，使穿着者似乎上身很短，或者腿延伸到胸线。

一般来说，经典的比例是符合自然的身体分隔，或者做稍微的改动。这种分隔集中于关节点和方向发生改变的点。水平的分隔主要在颈部、肩部、胸部、腰部、臀部、膝部、踝部、肘部和腕部。垂直的分隔集中于前中心、后中心和两侧。一件服装必须提供给穿着者贴体、舒适和活动的空间，即服装的功能性，同时服装的设计必须服从那些自然的比例，增强穿着者的美。

和其他法则一起，比例传达了心理的关联性。均衡的比例意味着可信赖和稳定性，而不均衡的比例似乎是软弱和不稳定的，较大的部分压着较小的部分。视幻也起着作用，因为设计元素、细节的规模和比例受到设计中其他因素的影响。

比例和其他美的因素一起起作用。厚的和薄的，短的和长的，断裂的线条和结实的线条等等，它们的量是可以变化。每一个个体的形状，它们在服装上的位置和背景的空间都必须分别考虑，并且作为整体中的部分。

色彩的比例根据色相、纯度和明度的量变化。绿色和红色的量，亮度与暗度的量，浅与深的量等的使用，可以产生不同的效果。在一件服装里，色彩的改变同样影响比例，因为视觉在色彩之间产生分隔。厚重的肌理占居了相对的空间，在使用相当多的量时，似乎显得厚重和臃肿。

占优势的元素有较大的视觉能力，比那些弱的元素需要用少一点的量。例如，如果鲜艳的红色和淡灰在量上相等，那么红色将会过于强势，因此，比例必须调整，少一点红色，多一点灰色。

从结构上来说，每一条缝线、省道、衣片或领子的放置都决定着比例。事实上，设计的每一个部分，不管是功能性的还是装饰性的，它们的改变都会影响整个服装。

理解了比例，就像打开了无穷可能的王国大门，因为一种基本的理念通过不同的比例分配，就能有很多种变化。

体积是比例的一个重要方面，主要体现在尺度上。服装上零部件的尺寸不仅与整个服装有关，与着装者也有关系。

当服装的细节是连续的时候，其规模更是有影响力。例如，1970 年代男式的衬衫有大的克夫和领子，配宽的腰带和宽的领带，铃形的裤子。相反地，小的细节，配窄的克夫、领子和小的钮扣。

调和、统一和平衡只有当体积正确时，才能取得效果。一个孩子如果穿她母亲的服装，就是不正确体积的夸大的例子。

形状和空间与体积直接相关，但是体积也像比例那样运用线、色彩和肌理，具有优势的色彩、肌理、明暗、线条、形状或空间等在尺寸上必须减小（图 6-55）。例如，如果在连衣裙的肩部安装一个鲜艳的红色蝴蝶结，那么体积就要减小，因为红色有优势的特征，比黑色更加显眼。

图 6-55 小个子的人应该选择小型的图案

口袋、领子、袖子、克夫、腰间短裙、腰带、钮扣、面料的印花图案或面料的肌理，还有所有的装饰，在决定一件服装是否能成功时起着重要的作用。一件服装看上去尴尬或者笨拙，只需要在体积上稍稍改变组成部分，就能取得完美的形象。

九、均　　衡

均衡是指当各个部分的视觉重量均等地分布，所产生的平衡（图 6-56）。当一种设计完全均衡的时候，在视觉上是一种稳固的感觉。

视觉的均衡和生理上的均衡相似，当各个部分围绕一条线或一个点均匀分布的时候，稳定将会产生，就像天平一样。

设计的每一个部分对整体来说都有视觉重量。通过调整尺寸、质量（重量或密度）和各个部分与中心轴的距离，均衡就会发生改变。

图 6-56　天平的两端取得均衡

有正式均衡和非正式均衡（图 6-57 ~ 图 6-60）。正式均衡是指对称，即轴心的两边精确地重复，或反转变成镜像。它是可预见的、稳定的和安宁的。非正式均衡是指不对称，轴心的两边物体在视觉上有相等的重量，但实际不相同。它们之间也许只有微小的差别，也许有强烈的对比性，但是每一边必须补充另一边所缺乏的，从而产生相等和统一的感觉。非正式均衡的变化性比正式均衡更加戏剧性，因为它使眼睛能够审视不同物体的差别。比较过程意味着均衡是一种综合性法则。当眼睛扫视整个设计时，它整合了不同部分，从而产生协调的服装。

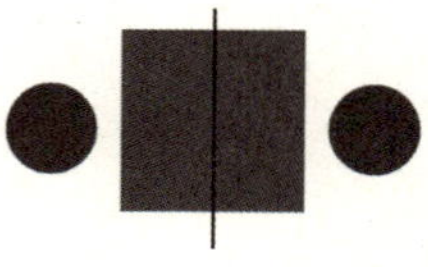

图 6-57　正式均衡

图 6-58　非正式均衡（它们的形状不同，但视觉重量相等）

图 6-59　图中绿色变淡，右侧两个红色圆形看上去太重，显得不均衡

图 6-60　右侧小圆色彩很浓烈，左侧淡绿正方形尽管比小圆大很多，由于色彩淡，它们竟然能够取得均衡

均衡还可以是水平的、垂直和放射的。水平均衡就是中心均衡线的左右两边相等。具有水平均衡的服装是中心对称。垂直均衡就是上下两部分是相等的，避免上端过重或下端过重的情况发生。放射均衡是水平和垂直均衡的组合，中心点的所有方向都是相等的。

一件服装具有好的设计，应该是水平方向的左右两边、垂直方向的上身和裙子取得均衡。

这种均衡的感觉当身体运动或转动时始终保持，从前转到后，从一侧转到另一侧时都要保持均衡(图 6-61 ~ 图 6-63)。

图 6-61　放射性均衡

图 6-62　镜像均衡

图 6-63　轴对称均衡

由于有比例和大小，那些有优势特征的要素看上去比弱势特征要素要重。为了取得均衡，优势特征要素要减小量，弱势特征要素要增加量。因此，淡色、艳丽的色彩，闪光的肌理和大的印花，需要在量上比暗色、深色、无光泽的肌理和精细的印花要少。类似地，敞开的区域要比关闭的区域要轻，因此要采用大的比例。

具有影响力特征要素，在取得均衡时，对比特别强烈。例如，硬的、敏锐的线条和通过增加曲线部分取得均衡，或者坚实的线条增加一些折断的线条取得均衡(图 6-24，图 6-25)。

图 6-64　水平均衡

图 6-65　对称均衡

要素放置的位置影响视觉重量，越是远离中心点，越是显得重，因此，较宽的底边，能够与接近腰部或上身的较多数量的、小的和轻的阶梯式边取得均衡。因为我们都有地球引力的经验，我们习惯于低部重些，较高的部位轻些。因此，从时尚角度来看，我们经常喜欢将较轻的元素放在靠近脸部，将较重的、较大的元素放在身体的较低部位。

观察经典的阶梯式裙子，注意到从靠近腰部开始是较窄的、较短的荷叶边，然后逐渐变宽变深。如果采用相反秩序，一定失去均衡，显得头重脚轻。

重的肌理同样也需要放置在身体的较低部位。裤子和裙子的面料一般比衬衫的面料重。如果裙子采用轻盈的雪纺面料，通常采用很多的量，产生视觉的重量，与上身取得均衡。

从结构上来说，服装的均衡可以通过移动省道、缝线、育克和衣片的线条，或者通过增加褶裥、抽褶和荷叶边，或者安排对称性和不对称性孔洞等，取得均衡（图6-66）。

所有装饰性事物占有不同的重量和密度，必须与服装上的其他元素综合考虑。

图6-66 不对称均衡

十、统　一

统一是美的法则中最重要的要素，把它放在所有法则的最后，是因为它是设计过程的最高境界，当其他所有法则和元素处理完之后，最后考虑统一的问题。

所有的设计都要设法取得统一。当设计中的每一个部分都支持着中心概念时，就取得了统一，一种凝聚力和合而为一的感觉。

在设计中，元素和法则组合使用的效果体现在服装上就是既不要乏味又不要混乱，既不要平淡无奇，又不要压倒一切。任何紧张和冲突都要在设计中实现一体化，而不是让它们相互斗争。因为元素之间激烈的竞争将毁坏统一性，必须均衡竞争元素之间的力量。

在取得统一的过程中，将会遇到正反两方面的问题。视觉需要变化、动感、激动、惊奇和新颖，保持视觉的娱乐性，否则视觉将失去兴趣，转移到下一个有兴趣的要素上。换句话说，视觉需要对比。同时，为了使视觉理解和感觉舒适，设计的各个部分之间要有关联性，似乎它们之间都朝向共同的目标，即调和（图6-67）。

图6-67 迈克·高仕（Michael Kors）的设计，所有的元素都统一在鲜亮的色彩中

调和和对比两个相对的概念放在一起可以取得均衡。例如，一种色彩反复使用，增强了设计的连续性和连贯性，但是，为了缓和乏味，增添兴趣和兴奋，可以增加一种对比色或不调和的色彩。

调和和统一不是相同的概念。一种设计可能取得漂亮的调和，但是缺乏竞争的感觉。服装完美的统一就是指不能再增加一个小细节，不能再多一根线条、一个形状或一个装饰。

设计的气氛由协调和对比的关系决定。如果是非常强烈和醒目的对比，设计可以描述为激动的或新奇的。如果是趋向于安静的、更加保守的和协调的效果，可以表述为经典的。

统一是设计法则中最具综合特性的，它就是综合。在统一的设计中，功能、结构和装饰都是为了共同的目标。每个单方面，不管是如何看上去没有意义，都会对其他方面起作用。

具体的服装部件既相互独立，又相互依赖。组合成套装的每一件服装，既独立又相互依存，最后，服装和配件以及穿着者之间既独立又依存，完成一套成功的套装。

规则的、协调的要素构成静态的统一。看上去坚实和动态的统一是使用飘逸、生动活泼的元素和不规则的形状，给人主动和运动的感觉。

第七讲

服装的细节

每一件服装都包括很多细节，其中领线、领子、腰线、袖子和下摆等是关键的服装细节，它们决定了服装的实际样式。完美的服装没有一个细节是多余的，每一个细节都牵动着另一个细节，每一个细节都与整体取得均衡，每一个细节都有可解读的流行语言。诸多的细节往往借助于过去的元素，使服装成为连接过去与现代流行的桥梁。

一、领　　线

领线是指服装围绕颈部最顶端的边缘，特别是从前面看去的形状。领线非常重要，它是一件服装的主要风格线，它能影响领子的形状，褶裥或省道的位置。领线有多种类型。

1. 方形领线

方形领线是指在锁骨附近形成方形，在很多服装中都可以采用这种领线，它适合不同身材、不同身高和不同脸型的人，锁骨露出的部分不是很多（图 7-1）。它可以应用于正式场合和非正式场合的服装，根据袖形、上身和面料而定（图 7-2）。

图 7-1　方形领线基本形

图 7-2　方形领线可以应用于休闲装、礼服和婚纱中

2. 宝石领线

宝石领线是一种简单的、基本的圆形领线,刚刚在锁骨上方(图7-3)。珠宝领线的命名来源于商店里珠宝的橱窗,例如,吊坠或胸针衬着一块织物,人的视线从一个小圆洞里看过去。宝石领线被广泛地用于男装和女装上,包括T恤、运动衫和连衣裙。宝石领线特别应用于工作服装,例如,紧身衣、骑自行车衬衫。

宝石领线衬衫和连衣裙,会将视线引向手臂(图7-4)。宝石领线的上衣或连衣裙适合在上面再加一件服装,例如,开襟衫或夹克,不同质地的服装为平淡的领线增色。宝石领线上衣适合配短裙或短裤,因为领线裸露少,这样取得整体均衡。在教堂举行婚礼的婚纱很适合采用宝石领线。著名影星奥黛丽·赫本和1960年代的明星杰奎琳(Jacqueline Kennedy Onassis)喜爱这种领线。杰奎琳经常在宝石领线的连衣裙外面配一件外套,再配一串珍珠项链。

图7-3 基础宝石领线

图7-4 宝石领线在各种风格和类型的服装上的应用

3. 勺形领线

勺形领线是一种挖深的圆形领线，露出胸部上方一部分，比基础领线低（图 7-5）。

勺形领线的深度可以变化，形状的变化有两种，一种是半圆形，另一种是 U 形。这两种领线比较相似，从 T 恤到晚礼服，从男装到女装都可以采用这种领线。

当穿着具有勺形领线的上衣时，要考虑其场合。在一些保守性的工作场所这种领线可能嫌低了些。但是，在炎热的气候里，这种领线使人感到十分凉爽。

对于女性来说，穿这种领线的上衣，里面需要穿适当的胸罩。也要穿勺形或更低边缘线的胸罩，以免露出胸罩。在选择项链或项链上有吊坠时，其深度要在勺形领线的上方。

对于那些不喜欢穿太高领线的人，这种领线是很好的选择，而且它几乎适合任何人（图 7-6，图 7-7）。

图 7-5　基础勺形领线

图 7-6　U 形勺形领线

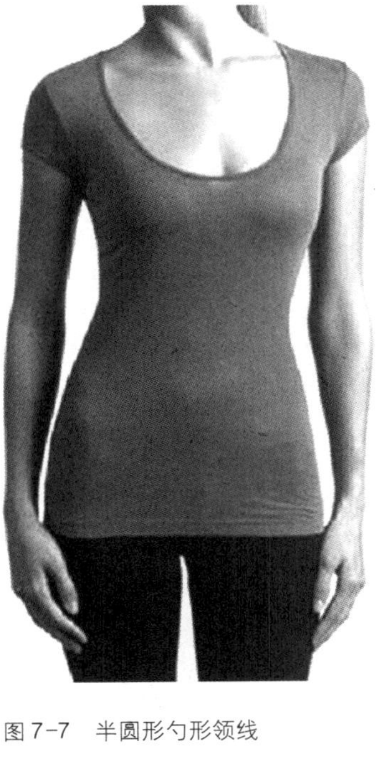

图 7-7 半圆形勺形领线

4. V形领线

V形领线起源于中东,是由来自肩部的两条斜线汇聚到胸部,形成V形状(图7-8)。V形领的深度可以有多种变化,从庄重的到非常深的(图7-9)。重叠的门襟形成的领线是一种变化V形领线。如果V形低端的尖部被截去,就形成梯形领线。

图7-8 基础V形领线

图7-9 V形领线有不同的深度,可以应用于各种男、女服装中

5. 船形领线

船形领线是男女皆穿的一种领线(图 7-10)。最初这种领线也称为平底船领线,是为水手们设计的领线。也称为塞布丽娜(Sabrina)领线。由于它宽宽的切口,使穿着者很容易穿脱,特别是当水手弄湿了衣服时能很快地更换衣服。

图 7-10 基础船型领线

现代的平底船帆领线被广泛地应用于女装(图 7-11)。从一肩到另一肩向外裁剪,到达肩的中部或再向外一点,形成直的水平敞开线条,在颈下方一点,覆盖胸部。领线的前面和后面设计相同。

女性的很多服装采用船型领线,如针织上衣、运动衫、衬衫。一些正式的晚装也采用这种领线。

许多男性的运动衫、针织衬衫采用这种领线。其特点是容易穿脱,穿着舒适,适合很多脸型的人。

但是,对于女性来说,向外开得太多的船型领线,带来一个问题,就是会露出胸罩的带子。为了解决这个问题,船型领线就不必开得太外,开到正好到达胸罩带子,这样的话,可以两全其美。

舞蹈服装中漂亮的紧身连衣裤,采用这种领形,与传统的样式不同的是,这种紧身连衣裤的背后有深深的 V 形开领,显露了上部分的背。一些晚装裙前面采用船型领线,背后采用深 V 形。

图 7-11 船形领线可以应用到各种类型的服装中

6. 落肩领线

这种领线与船型领线比较相似，但是，它非常低，在肩部和锁骨下方（图 7-12）。围绕躯干，包裹在手臂的上端，刚好在肩的下方。这种样式经常配长袖，覆盖手臂，但是显露颈部和肩部。没有袖子的这种领线也显得十分优雅，因为它有敞开的领线，但是它不会滑落，身体为它提供了支撑点。有时它越过手臂，有时在手臂下方，成为无带式的。显然这种领线强调穿着者的肩部和颈部（图 7-13）。

图 7-12 基础落肩领线

图 7-13 落肩领线的各种运用

7. 一肩领线

有不对称的线形领线，领线的一侧在肩部，另一侧在手臂的下方，在身体上产生斜向线条（图 7-14）。

图 7-14 一肩领线的各种运用

8. 套环式领线

套环式是指女性的服装在领子部位有一根带子从前到后围绕颈部，使穿着者的背部裸露。这个术语来源于套在动物颈部的缰绳套环（图 7-15、图 7-16）。

这种样式通常用于泳装，尽可能地露出背部晒太阳。有时还用于礼服裙装或衬衫，以及露背连衣裙或上衣。颈后的领子套环往往被头发遮住，看上去就像没有什么在支撑着服装。如果要穿胸罩的话，那么其样式也应该是套环式的，避免露出胸罩的带子。

图 7-15 各种类型的袒肩露背的套环式领线

图 7-16　套环领线的各种变化

9. 甜心领线

甜心领线也称鸡心领线，经常用于正式的女式服装，这种领线具有很长的历史，其形状是在胸线上方有两条曲线，交点落在两乳之间，很端庄地覆盖乳房，而又非常具有吸引力（图 7-17）。它不像深 V 形领线，它有很优雅的线条。

图 7-17　基础甜心领线

没有人知道这种领线起源于何时。一种说法认为起源于意大利文艺复兴时期，另一种说法认为起源于 18 世纪法国设计师之手，第三种说法认为来自于 15 世纪西班牙伊莎贝拉（Isabella）宫廷。然而，不管这种领线起源于何时，它在女性正式服装上的应用已经有很长的历史。很多正式的和复杂的婚纱裙袍都采用这种领线，它的设计很独特，在婚礼上能够区别于其他人的服装。它将漂亮和展示性集合起来，使人觉得很有吸引力。甜心领线不仅仅局限于婚纱，很多其他的正式服装都采用这种领线。（图 7-18）。

图 7-18 甜心领线的应用

10. 扣眼领线

时尚设计师总是寻求新的方法制作服装的领线,扣眼领线就是一例。这种领线与珠宝领线有点类似。它有两种样式,一种就是有一条简洁的切口。为了安全起见,往往在切口的上端有钩子、环和钮扣扣住。在缝制的时候,这种领线比较容易,因为只需要缝制切口和领线上端的边缘(图 7-19)。

另一种扣眼领线复杂一些,就如同它的名字那样,在领线下方有一个圆形或椭圆形切口,为了安全起见,同样采用钮扣、环扣住。由于圆形或椭圆比较难实现光滑的曲线,所以要求比较高的缝制技术。

这种样式有很长的历史,20 世纪 40 年代最为流行,在迪斯科风行的 20 世纪 70 年代也很流行这种领型。它被用在泳装、晚装和其他很多服装上。那个"扣眼"必须放在恰当的位置上,使服装具有吸引力。如果放置得太低或太宽,就会露出太多的胸部。当然,如果穿着者希望露出更多的胸部,可以将"扣眼"开大些。

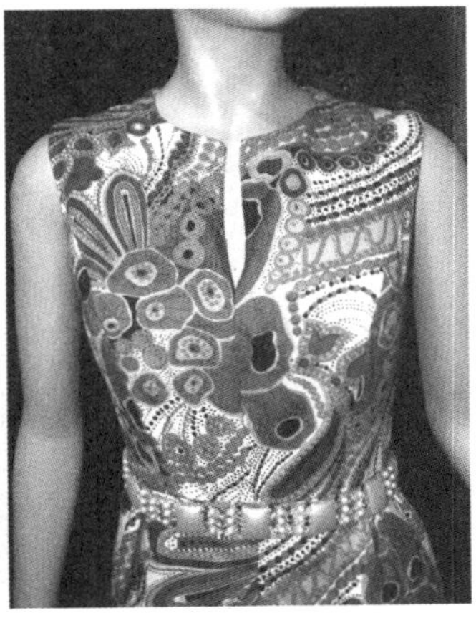

图 7-19(a) 各种扣眼领线

图 7-19(b)　各种扣眼领线

11. 斜叠领线

这种领线类似于浴袍的领线,衣服的前衣片左边搭在右边,或右边搭在左边形成的领线,在较低部位两层缝合在一起(图 7-20,图 7-21)。

图 7-20　基础斜叠领线

图 7-21　斜叠领线在各种类型和风格的服装中的运用

二、领　　子

领子是服装的部件，它围绕颈部系扣或架构领子。从专业角度分析，领子与驳头不同，由单独的面料构成，而不是衣片的折叠。领子可以永久性缝合在衣片上，或者附着在衣片上。

1. 领子类型

领子的类型可以分为：(1)立领，贴合颈部，而不是躺在肩上。(2)翻领，围绕脖子站立着，然后翻折过来。(3)摊领，躺在肩上。

过去领子经常采用淀粉进行浆硬，现代免烫的衬衫领子用衬布，有时用金属或塑料衬在领子的尖部。领子的形状受到领线的控制。大多数领子都适合宝石领线，因为它是一种最基本的领线。如果服装在前面敞开成 V 型，上面翻开的部分形成驳头。

2. 领子样式

(1) 牧师领

某些教士所穿的一种领子，一根白色暗带串在立领里，露出一点点白色(图 7-22)。

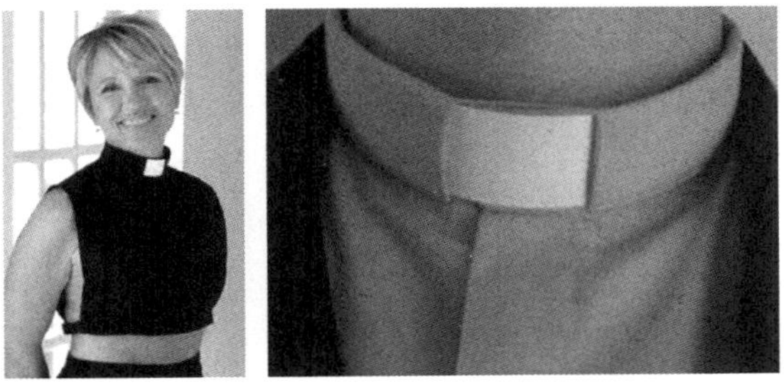

图 7-22　牧师领样式

(2) 高领

领子覆盖所有或部分脖颈，在维多利亚时期很流行(图 7-23)。

图 7-23　高领样式

（3）马球衫领

也称为高翻领，紧紧围绕脖子，广泛用于针织衫（图 7-24）。

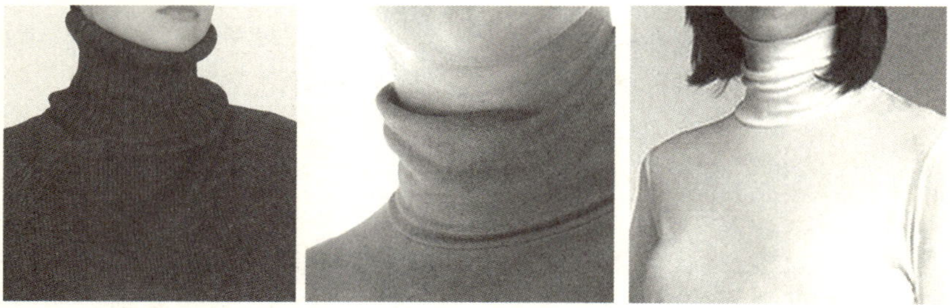

图 7-24　马球衫领

（4）带领

一种带状立领，没有翻领，它不能太高，否则下巴运动不自如（图 7-25）。

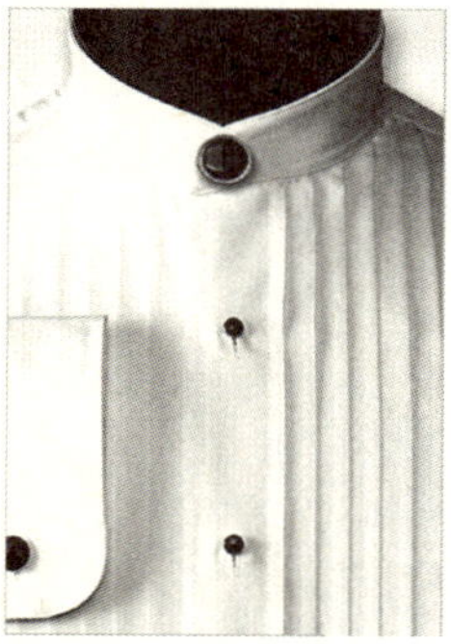

图 7-25　带领

（5）中式领

一种小小的立领，前面分开，受满族服饰的影响，多见之于旗袍（图 7-26）。

图 7-26　中式领

(6) 哥萨克领

一种立领,在一侧打开,经常装饰刺绣,1965 年,在电影演员 Doctor Zhivago 的影响下很流行(图 7-27)。

图 7-27 哥萨克领

(7) 奥尔巴尼领

一种立翻领,20 世纪流行的一种可换洗的领子样式(图 7-28)。

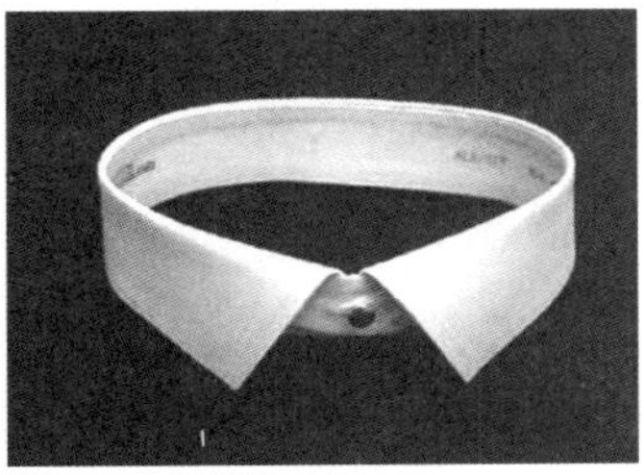

图 7-28 奥尔巴尼领

(8) 双圆环领

翻开的圆带状领(图 7-29)。

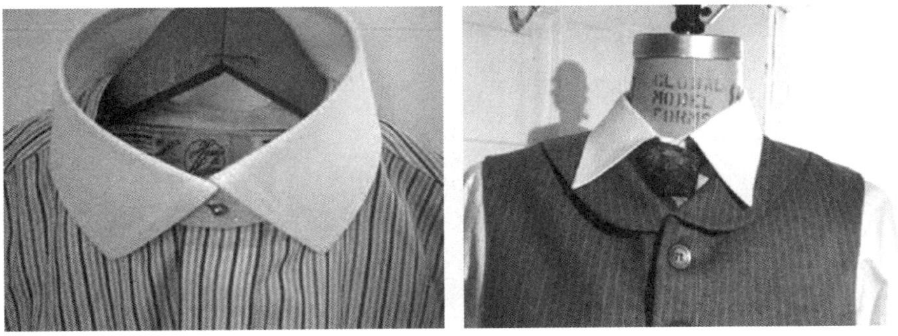

图 7-29 双圆环领

(9) 扣下领

领子的尖端有钮扣洞,与衣片的钮扣相扣(图 7-30)。

图 7-30　扣下领

（10）巴里莫尔领

一种衬衫翻领，领尖很长，由于演员约翰·巴里摩（John Barrymore）穿着而得名。这种样式的领子在 20 世纪 70 年代再次出现，也有称为锥形领，能够配时尚的宽领带（图 7-31）。

图 7-31　巴里莫尔领

（11）翼领

也称为翼尖领，是指小小的立领，有一对尖头水平地向外伸展，类似于“翼”，当男性系白色领带或黑色领带时穿着（图 7-32）。

图 7-32　翼领

（12）爱斯科特领

一种很高的立领，领尖在下巴处翻折，通常配爱斯科赛领带（图 7-33）。

图 7-33　白色衬衫领为爱斯科特领

（13）拿破仑领

之所以称为拿破仑领，是因为这种领子来自于拿破仑一世部队的制服。是一种有领座的翻领，结构上很硬，前面敞开（图 7-34）。

图 7-34　拿破仑领

（14）坎普领

领子的一半平躺在肩上，连接着敞开的衣片，形成缺口。可以在衣片装一粒钮扣，可扣上，也可不扣（图 7-35）。

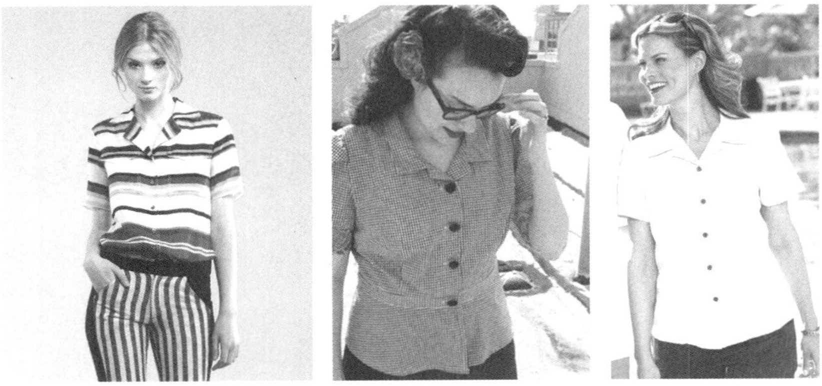

图 7-35　坎普领样式

(15) 缺口领

一种翼型领,有三角形缺口,常常用于西服等商务套装,有时缺口也呈圆形(图7-36)。

图7-36 缺口领

(16) Y 领

与 V 形领相似,在 V 形的低端有一粒或两粒扣,形成 Y 形(图 7-37)。

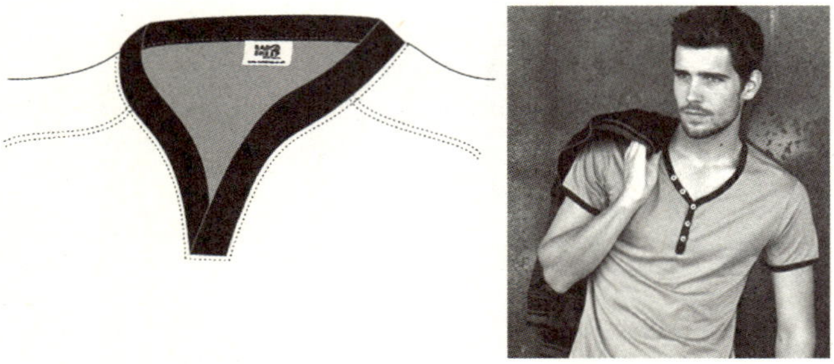

图7-37 Y 领

(17) 鳄鱼领

由勒内·拉科斯特(René Lacoste)发明的经典网球衫上的领型(图7-38)。

图7-38 鳄鱼领

(18) V 形翻领

一种敞开的、短 V 形翻领,通常用于针织衫(图 7-39)。

图 7-39 V 形翻领

(19) 切尔西领

女性的一种 V 形领,领子呈长的带状,汇聚一点,在 20 世纪六七十年代很流行(图 7-40)。

图 7-40 切尔西领

(20) 青果领

青果领是一种有驳头的领子。通常是圆形的领角,V 字形领线延伸到胸部或者逐渐变细到腰部。这种领线一般用于对襟羊毛衫、夹克、衬衫和裙袍(图 7-41)。青果领起源于维多利亚时期的香烟夹克,再追溯起源,来源于宴会夹克的驳头。

很多服装都采用青果领,部分原因是它的领形简单。在缝制方面,青果领不像缺口领那么复杂。

青果领的变化很大,从微微的圆弧形到很宽的圆弧形。V 形的领线,有深有浅。领子部分很好地构架脸型,长长的驳头看上去很整洁。

图 7-41　各种样式的青果领

(21) 彼得·潘领

一种平的、圆角的领子,1905 年演员莫德·亚当斯(Maude Adams)扮演了一个名为彼得·潘(Peter Pan) 的角色,就穿着这种领子的服装,因此而得名,此领子经常用于小女孩的服装中(图 7-42)。

图 7-42　彼得·潘领

（22）巴斯特·布朗领

是一种宽的、平坦的圆形领子，有时有褶裥，通常配一个松软蝴蝶结，1880—1920 年，曾用于男孩的服装（图 7-43）。

图 7-43 巴斯特·布朗领

（23）贝莎领

是一种宽的、圆的坦领，这种领子强调女性的肩。有时这种领子可以移开，像披肩那样。它有很长的历史，可以追溯到维多利亚时代，是晚装上的常见领型，经常采用蕾丝褶边。维多利亚时期的时髦女性大胆地穿这种领子裸露她们的肩部。

1940 年代，贝莎领子再次复兴，而且变得更加宽。因此，其名称可以用来称呼所有很宽的领子。用于婚纱的贝莎领子和维多利亚时期的没有差别。

这种领子适合那些喜欢落肩领但又不喜欢肩部裸露太多的人。贝莎领具有现代时尚的特征，特别是具有波斯米亚风格的上衣和裙装。那些飘逸的服装采用落肩领，而贝莎领子强调了胸部。

对于一些很宽的领子，也称之为披肩领，即贝莎领的变异（图 7-44）。根据面料的不同，可以配合日装和晚装，也可以作为一个配饰和不同的服装搭配。

图 7-44 贝莎领通常用于裙袍中，也可以变异成披肩领

(24) 海军领

一种水手领,在20世纪广泛用于女性和孩子的服装(图7-45)。

图7-45 海军领

(25) 斗篷领

领部看上去像斗篷,悬挂在肩部(图7-46)。

图7-46 斗篷领可应用于外套、连衣裙等服装上

（26）蝴蝶结领

在穿着者下巴处打着一个大的蝴蝶结。1980 年代，玛格丽特·撒切尔夫人很喜欢这种领子（图 7-47）。

图 7-47　蝴蝶结领

三、胸　围　线

胸围线是一条十分重要的线。在胸部最丰满处，手臂下方围绕身体的水平周长。对于女性来说，即软尺通过乳头水平围量一周（图 7-48）。它的尺寸是服装号型的参数之一。

乳上胸围线即在女性乳房上方水平围量一周。乳下胸围线即在女性乳房下方水平围量一周。

通过测量这些线得到的尺寸是女性内衣的重要参数。

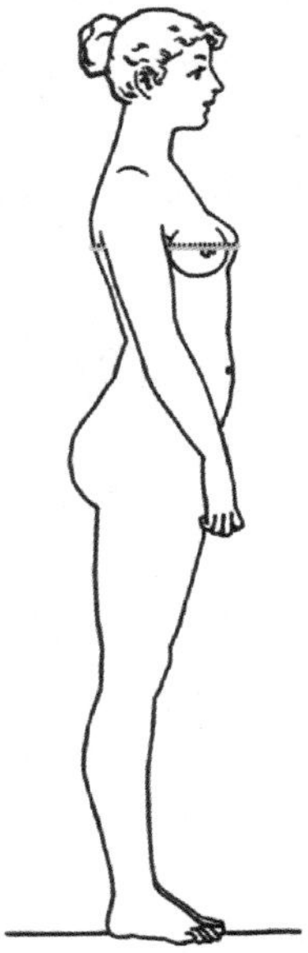

图 7-48　胸围线位置

四、腰　　线

人的自然腰线在胸腔和臀部之间最细部位的水平线上。腰线也是一件服装上部分和下部分的分界线，从理论上讲它对应于人体的自然腰线。但是，由于时尚的需要，服装的腰线可以上下移动，从乳房下方到臀部较低的位置。服装腰线起到强调服装不同特征的作用。它也是腰部省道形状的分界线。

根据服装腰线的形状、深度和位置可以分为不同类型（图 7-49）。

图 7-49　服装的不同腰线

1. 自然腰线

一条水平的腰线，在身体的自然腰线部位，即肋骨和臀部之间最细的位置，在视觉上将人体分为上下均等的两部分，从而取得平衡状态（图 7-50）。自然腰线很适合具有沙漏型体型的人。而苹果体型人要避免使用自然腰线，因为自然腰线起到强调腰部最瘦部位的作用（图 7-51）。

图 7-50　自然腰线

图 7-51　自然腰线在服装上的应用

2. 上升腰线

一条水平的腰线,比自然腰线至少高 2.5 cm 以上(图 7-52)。

图 7-52 上升腰线

3. 帝政腰线

帝政是指法国拿破仑一世帝国时期(1804—1814)。帝政腰线是指一种高的、在乳房下方的水平腰线(图 7-53)。腰线处优雅悬垂的褶裥使长裙显得纤细、贴体而又宽松,无需裙撑支撑产生体积感。这种腰线可以掩盖腹部或强调胸部,适合梨型体型或胸部偏小的人,并使人显得高挑。约瑟芬皇后是此腰线的倡导者,并使它流行欧洲(图 7-54)。

图 7-53 帝政腰线

图 7-54 约瑟芬皇后(左);帝政腰线的运用(右)

4. 低腰线

在自然腰线下方，一条低的、水平腰线，通常下降到臀部的上端（图 7-55）。为了平衡身体的上下两部分，通过拉长身躯，产生增高的视错觉，很适合小个子的体型，是 1920 年代流行的外轮廓。

图 7-55　低腰线

5. 斜向腰线

一条不对称的腰线斜向地穿过身体。通常高的那一侧在自然腰线下方。这种腰线很适合高个子身材（图 7-56）。

图 7-56　斜向腰线在婚纱上的应用

6. V 形腰线

V 形腰线也称为巴斯克腰线，在自然腰线下方，呈 U 或 V 形（图 7-57）。这种腰线使人看上去显瘦，因为延长腰线产生视幻，使臀部和腰部显得更加平衡。对于梨型的体型，避免使用这种腰线，因为它强调腹部，同样对于较方形的体型也不适合这种腰线（图 7-58）。

图 7-57　V 形腰线的基本形

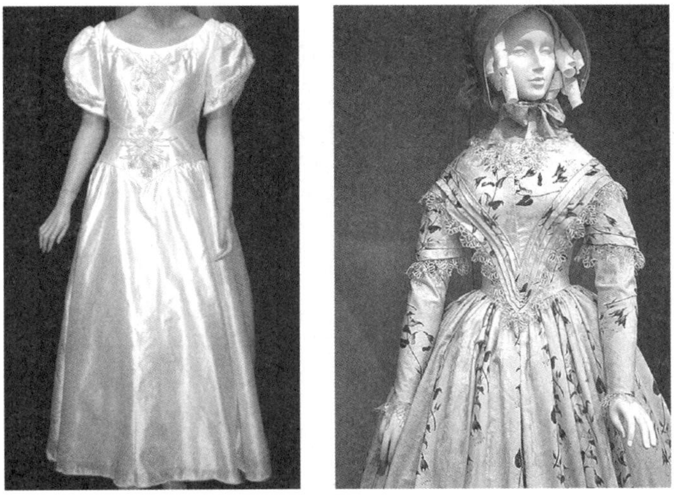

图 7-58　V 形腰线在礼服上的运用

五、公　主　线

公主线是垂直方向的线，从肩部（或手臂下方）通过乳点，然后一直向下降，直到服装的底边，它经常出现在服装的前后衣片上。公主线不需要腰线，没有省道，实际上通过衣片的分割剪去了省道收去的量，然后将富有优美线条的衣片边缘缝合起来。它使服装产生长而纤细的外形，经常出现在 X 形外轮廓的连衣裙中（图 7-59）。服装看上去柔美而贴身。

图 7-59　由于公主线的分割不需要腰线，服装上产生了垂直方向的线条。或采用公主线的同时，采用低腰线

对于纤细和偏瘦的女性来说，它能强调身体的体型，提供了曲线的视错觉。对于沙漏型体

型的女性来说,公主线强调了纤细的腰。对于胖体型的人来说,能够显示出丰满的胸和臀部。婚纱和其他一些正式服装经常使用公主线,因为它看上去很优雅。其他服装例如运动服也可以使用公主线,因为它使服装贴体。

六、底 边 线

底边线是指衣服最低的边缘线,例如裙子、连衣裙或外套,从地板往上量取。裙子的底边线是时尚中变化最多的风格线,可以变化形状和长度,从臀部高度到地板的长度。不同年代裙摆的风格和长度在不断地变化,裙摆还根据穿着者的年龄、场合和个性来决定。

1. 地板裙摆

裙摆的长度刚好到达地板上(图 7-60)。一般是在特别的场合穿,例如婚礼。

图 7-60 地板裙摆

2. 脚踝裙摆

裙摆的长度在脚裸部位(图 7-61)。

图 7-61 脚踝长度裙摆

3. 中腿腓裙摆

裙摆长度在中腿腓部位(图 7-62)。

图 7-62 中腿腓裙摆

4. 膝盖下裙摆

裙摆长度在膝盖下方,比中腿腓裙摆短(图 7-63)。

图 7-63 膝下裙摆

5. 膝上裙摆

裙摆的长度在膝盖上方(图 7-64)。

图 7-64　膝上裙摆

6. 中大腿裙摆

裙摆的长度在大腿中部,比膝上裙摆更短(图 7-65)。

图 7-65　中大腿裙摆

7. 臀高裙摆

裙摆的长度在大腿上方，接近臀部（图 7-66）。

图 7-66　裙摆接近臀部

8. 手帕形裙摆

裙子下摆呈不对称形状，有多个角，就像拽着一条手帕中心点后呈现的形状（图 7-67）。

图 7-67　各种形状的手帕形裙摆

9. 斜向裙摆

裙摆一侧比另一侧长，产生不对称形象，且总体长度可长可短（图7-68）。

图7-68 斜向裙摆

10. 高低型裙摆

通常是前面短，后面长（图7-69）。

图7-69 高低型裙摆

七、袖　　子

袖子是服装的一个部分,覆盖着手臂。袖子的样式是服装时尚中一个重要的特征,在不同的国家和不同时期有不同的变化。

袖子的长度有很多种变化,从肩部的短袖,逐渐变长,直到地板长度的袖子。现代衬衫袖子从上臂中部到手腕部位各种类型。

1. 装袖

通过缝合,将袖子和衣片连接在一起(图 7-70)。

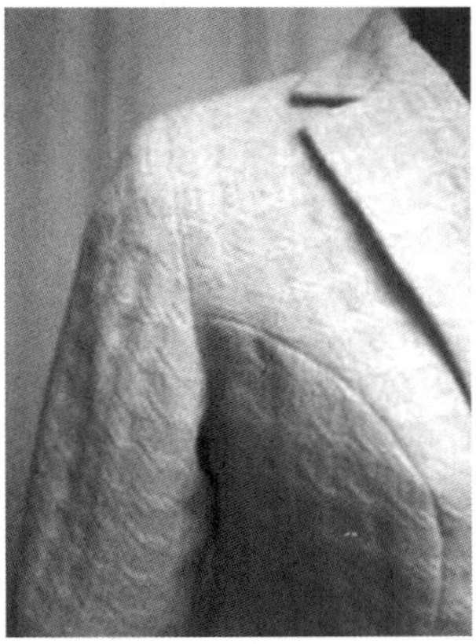

图 7-70　装袖

2. 合体袖

袖子分为两片,肘部有一定的弯曲度,符合手臂向前弯曲的功能性(图 7-71)。

图 7-71　合体袖

3. 衬衫袖

一种长袖,手腕处有克夫,并打褶裥(图 7-72)。

图 7-72 衬衫袖

4. 短袖

长度在手肘上方(图 7-73)。

图 7-73 短袖

5. 插肩袖

也称套袖,袖子连接衣身覆盖肩部和颈部(图 7-74)。

图 7-74 套袖

6. 蝙蝠袖

在袖笼处特别大,然后逐渐变小,手腕处很紧(图 7-75)。

图 7-75 蝙蝠袖

7. 铃形袖

在手腕处张开，或从肩部或从袖子的任何部位开始张开，产生一种铃形形状(图 7-76)。

图 7-76 张开部位从肩部开始(左)；张开部位从肘部开始(右)

8. 灯笼袖

从袖子上方逐渐张开到中部，然后逐渐变小，即在袖子的中部特别丰满，在袖子顶端和袖口处贴体(图 7-77)。

图 7-77 灯笼袖

9. 主教袖

很大的袖子，在手腕部位收紧(图 7-78)。

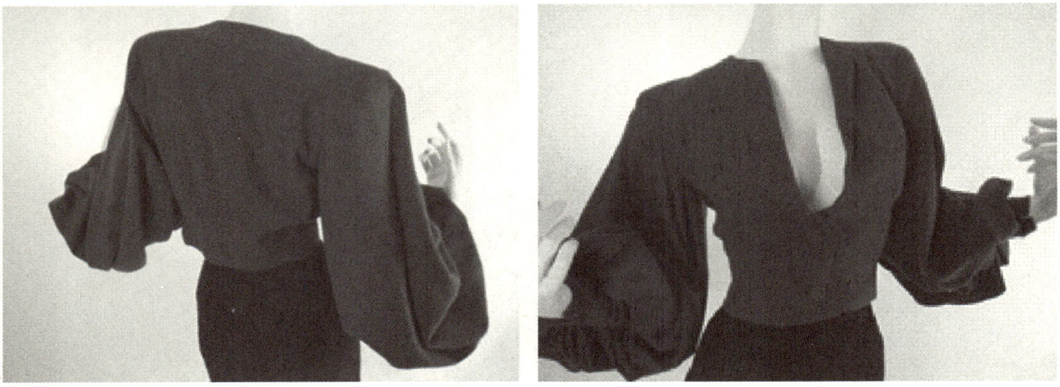

图 7-78　主教袖

10. 褶裥袖

袖子上打着褶裥(图 7-79)。

图 7-79　褶裥袖

11. 宝塔袖

像倒着的漏斗一样的袖子,由于袖口很大,袖子的里布往往显露出来(图 7-80)。

图 7-80 宝塔袖

12. 羊腿袖

在肩部的上端袖子特别肥大，手腕部位特别小，形状像羊腿一样（图 7-81）。

图 7-81 羊腿袖

13. 悬垂袖

袖子上端敞开，通常采用具有悬垂性面料，使袖子产生垂荡的褶裥（图 7-82）。

图 7-82 悬垂袖

14. 紧窄袖

袖子紧窄,超出手臂长度,得以在前臂冗余形成壅褶(图 7-83)。

图 7-83 紧窄袖

15. 郁金香袖

袖子的形状像郁金香花苞(图 7-84)。

图 7-84 郁金香袖

16. 帽袖

十分短的袖子,犹如肩端的盖帽(图 7-85)。

图 7-85 帽袖

17. 和服袖

非常大的长方形袖子,类似于日本和服的袖子(图 7-86)。

图 7-86　和服袖

18. 荷叶边袖

袖子装饰荷叶边,通常采用轻盈的面料(图 7-87)。

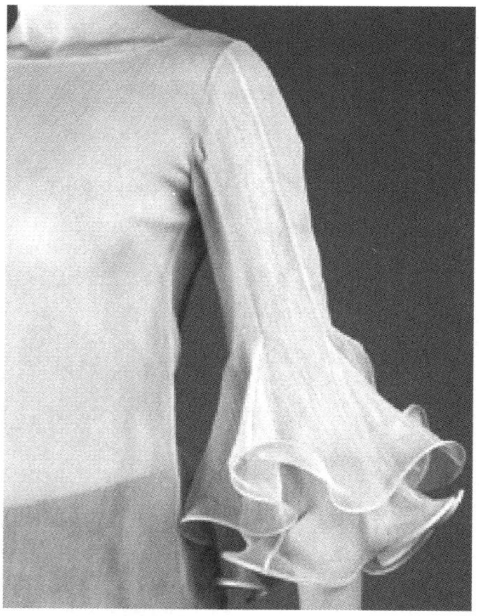

图 7-87　荷叶边袖

19. 短泡泡袖

一种袖山头打褶的短袖(图 7-88)。

图 7-88 泡泡短袖

20. 农场袖

一种具有乡村风格的袖子(图 7-89)。

图 7-89 农场袖

21. 褶襞袖

袖子收紧形成一节一节的泡泡形状(图 7-90)。

图 7-90 褶襞袖

22. 敞开袖

袖子上有一个开口(图 7-91)。

图 7-91　敞开袖

第八讲

服装的廓形

廓形是人、物体或场景的实心形状，通常为黑色，其边缘就是主体的边缘。廓形与廓形线不同，廓形线指主体的边缘线，而廓形为实心形状。任何视觉艺术中都要考虑廓形的设计。

服装的廓形指着装后人体呈现的整体形状。当服装穿在人体上的时候，人们首先看到廓形，然后逐步浏览服装的细节、面料和肌理。服装廓形因时代变化而不同，几乎每个年代或不同历史时期，女性时尚中都有独性的廓形，使我们看到服装就能判断属于哪个年代或历史时期。

有一种方法可以帮助了解廓形的概念。当模特在T台上行走时，模特后面有一个投影幕，周围所有灯光熄灭，只有前方一束光打在模特身上，在幕布上留下一个投影，那就是廓形。

要想取得好的廓形设计，必须遵循线条、形式、比例和平衡等因素和原则，烘托身体，而不是淹没身体。完美的服装设计是当服装穿在人体上时与设计师的想象一样完美。

一、20 世纪服装廓形变化

服装历史学家在描绘不同时期服装所取得的效果时也使用廓形这个词,所以他们可以描述 19 世纪 60 年代的服装廓形,或者将 19 世纪 60 年代的服装廓形与 19 世纪其他年代的服装廓形进行比较。一种廓形可能受很多因素影响,钢丝克里罗琳裙撑的发明影响了 19 世纪五六十年代妇女的廓形。爱德华时期,亚历山德拉(Alexandra)王妃的姿势影响了英国妇女的廓形。

回首过去 100 年服装廓形的演变,可以看到其变化是非线性的,裙子底边上升、下降,紧身胸衣消失后再次出现。这些变化受什么灵感的驱使?为什么女性从紧身胸衣中解放出来,后来又放回去呢?

服装是一件奇妙的事情,不仅能够表达穿着者的身份,还能反映文化运动、电影院最流行的面孔、性别角色和世界事件。研究过去的服装廓形,就是研究历史,在某种程度上说就是将真实的人们放进了那些世界事件中。战争影响了人们日常的着装,舞蹈使服装变得宽松,经济繁荣提高了裙子下摆等。

1. 1910—1920 年

1910 年,由于女性开始有了选举权,到了 1912 年这项法律得到全面实施。与男性有相同的权利,女性为自身感到骄傲,她们的服装维持着女性的优雅。以亚洲为灵感、具有东方风格的服装受到女性的青睐,20 世纪初那种结构性很强的服装让位于具有飘逸、悬垂的服装。当第一次世界大战开始后,女性开始进入工作岗位顶替男性的空缺,没有更多时间参加舞会和其他社会活动。她们穿上了一种长的、没有裙撑的裙子,裙摆提升到脚踝,这是一种全新的样式,时尚杂志称之为"战争式裙撑",具有爱国主义情怀(图 8-1)。

图 8-1 战争时期的裙撑,从功能性上考虑女性在工作场所的着装(左);"东方风格",具有异国情调的领线和悬垂(右)

2. 1920—1929 年

第一次世界大战结束后，经济得到了复苏，更多女性进入工作岗位，具有选举权。从道德标准上，男性和女性服装正式程度的标准放宽。在 1920 年代前期，女性时尚谨慎地采纳了爵士乐时代的风格，但是 20 世纪 20 年代，鲍勃式短发型和更短的裙子被越来越多的人接受。这种变化主要原因是女性在社会上扮演的角色越来越受到尊重，她们加入到男性的工作场所，享受着较少限制的服装，服装具有了男性化的特征。服装采用抽褶、褶裥，或开衩，使人的活动更加便利。此外，由于技术的显著进步，精致产品的价格比原先便宜，使更多的人能够买得起（图 8-2）。

图 8-2　裙摆上升到膝盖，鲍勃样式的短发型（左）；裘皮钟形帽和手套是经济繁荣的表达，也标志着产品生产方式的改进（中）；没有紧身胸衣限制、腰部宽松的服装（右）

3. 1929—1940 年

一种轻松愉快、乐观向上的态度，一直持续了整个 20 世纪 30 年代，但是，到了 1930 年末期，由于经济大萧条，一种比较保守的气息卷走了 20 年代的喜悦。女性的裙子长度逐渐变长，腰线回到了它的正常位置，也就意味着女性的廓形回到了传统的“女性化”样式。1920 年代延续下来的时尚也逐渐被淘汰。1930 年后期，短的鲍勃发型也不再时尚。经济学家乔治·泰勒（George Taylor）总结为“裙摆指数”理论，即裙摆的上升和下降与经济有关，这种理论在 20 世纪 30 年代得到证明，因为更多的人采纳了比较保守的着装，包括较长的裙摆（图 8-3）。

因为电影院是一种便宜的娱乐方式，因而对大众文化产生重要的影响，同样，电影院对具有统治地位的法国设计师也产生很大的影响。偶像式电影给予设计师灵感，反过来，设计师给予电影院时尚。1931 年电影《志在千秋》托起的明星艾琳·邓恩（Irene Dunn）在电影中穿宽肩的服装，因此宽肩而流行。

在 20 世纪 30 年代，由于使用斜裁技术，女性的曲线得到加强。维奥奈特（Madeline Vionnet）是斜裁的发明者，并且使用这种方法设计了具有雕塑感的连衣裙，塑造和体现了女性富有曲线的身体形象。因为斜裁使用斜向面料，使服装产生很大的悬垂性。

图 8-3　裙子的下摆变长

4. 1940—1950 年

1939 年，二次世界大战开始爆发，引发了战争时期的计划供应和女性走向工作岗位。二战时美国女工所穿的牛仔工装变成美国女性的代表形象，凯瑟琳·赫本（Katharine Hepburn）也加入到此行列，使裤子成为时尚。

战争的严酷性导致限制人们购买新服装的数量和制造新服装的面料。在英国，服装计划供应，1941 年，英国贸易部颁布了“功用性服装”的规定。1942 年，在美国，军工生产部颁布了 L85 规定，详细限制了女性服装中每一件单品类型。流行杂志和样板公司建议妇女如何将男性西服修改为漂亮的套装，因为男性穿部队的制服，西服闲置在家中。

大多数妇女穿的裙子长度在膝盖或接近膝盖，衬衫具有简单的裁剪，夹克有四方形肩。40 年代的廓形与 30 年代的廓形很相似，都是收腰，但是此时肩部样式是四方形的，因为女性穿西服式上衣（图 8-4）。

图 8-4　女性上衣肩部呈四方形（左）；40 年代的裙子和 30 年代一样，都有收腰特征（右）

图 8-5 战争时期的时尚,省去了奢华,鼓励服装尽量简洁(左);在战争结束后,克里斯丁·迪奥的"新风貌",重新引进了紧身胸衣和丰满的裙子(右)

1945 年战争结束,女性重新回到家中,以便男性重新获得工作。为了使这种转变更具吸引力,媒体赞扬在家呆着的主妇,而且介绍了很多家庭主妇需要的器具和用品。战争结束后,法国时尚屋重新开张,克里斯汀·迪奥发明了"新风貌",不仅引入了紧身胸衣(在 20 世纪初一些女性曾经为舍弃紧身胸衣而高兴),还引入了众所周知的丰满的裙子、收腰的样式和其他传统的女性化样式(图 8-5)。对腰部和柔和肩部线条的强调也标志着此时迪奥的影响力。这是很有趣的,因为女性被迫回到了家中,她们的服装也从身体上受到限制。

5. 1950—1960 年

50 年代,由于"垮掉一代"的运动,青少年开始崛起,他们穿蓝色牛仔、套衫以及富有挑衅性的休闲服装。50 年代末,这些反叛的年轻人变成了披头族,他们穿着黑色高翻领衣服、戴太阳镜和贝雷帽(图 8-6)。

图 8-6 当妇女回到家庭,鼓励她们成为一个完美的、幸福的家庭主妇(左);年轻人开始反抗,穿着休闲的服装,就像图中显示的,鲍勃·迪伦(Bob Dylan)和他的滚石乐队朋友们(右)

在50年代后期,年轻女孩的着装开始与母亲的着装有所不同。鲜艳印花的连衣裙有着很细的腰身和大大的裙摆,成为当时的时尚。这种样式很适合摇滚舞蹈(Rock'n'roll)。圆周的裙摆,在旋转时充分显示了舞蹈的活力,因此圆周裙非常时尚。

6. 1960—1970年

20世纪60年代早期时尚的典型是第一夫人肯尼迪·杰奎琳(Jacqueline Kennedy)。另外,药丸式帽子配西服,通常采用粉色的色调,上衣成箱型,超大的钮扣。简单的、几何式连衣裙也很流行,而晚礼服则是丰满的舞会裙。腰线很低,很贴体。

图8-7 世界超级名模崔姬(Twiggy)

战争时期出生的年轻一代,在20世纪60年代已经成长为青年人,就像20年代的青年人抛弃紧身胸衣那样,60年代的年轻人远远地偏离了"新风貌",穿起了比基尼。1964年,设计师玛丽·匡特(Mary Quant)设计了迷你裙,使时尚发生了划时代的变代。迷你连衣裙通常是A形廓形,或者是无袖的筒裙。著名模特儿崔姬(Twiggy)和简·诗琳普顿(Jean Shrimpton),使迷你裙风靡一时(图8-7)。裙摆的高度直到1968年才有所下降,到达大腿中部或稍微上面一点,也被称之为微型迷你。此年代的廓形与1920年代有些相似,都是男孩子式、线性廓形,只是裙子长度相当短。

图8-8 短的、A形线条的连衣裙在女孩中很普遍(左);奥黛丽·赫本是这个年代的偶像,流行的服装包括小管裤子(右)

此时,伦敦成为文化的中心,产生了世界流行乐队披头士(The Beatles)和谁人(The Who)。奥黛丽·赫本(Audrey Hepburn)穿着的贴体裤装称之为烟囱牛仔成为流行,男性的服装变得鲜艳起来(图8-8)。

7. 1970—1980 年

20 世纪 70 年代，年轻人对政府怀着抱怨和愤懑。由于社会动荡，反应在服装上是雌雄同体的、产生于60 年代的嬉皮士风格。年轻人用着装来表达自身，并将年轻人从其他人群中分离出来。在这个年代逐渐流行起高腰喇叭裤，而且男女皆穿（图 8-9）。

图 8-9　伊夫·圣洛朗在巴黎（左），穿着滚轮式鞋的迪斯科年轻人（右）

到了 20 世纪 70 年代中期，服装的轮廓变窄，裙摆从迷你裙下降到膝盖下方，后来到中腿腓长度，再后来到达最长的长度，即地板的长度。70 年代的服装轮廓基本是之前年代的混合，只是做了一点小小的改变。时尚影响了农民的服装，例如女式衬衫装点蕾丝，或者落肩的领线，灵感来源于 17 世纪。在 1976 年，伊夫·圣洛朗设计了农民服装的风貌，塔裙和落肩袖上衣成为十分流行的服装。因此，服装变得没有结构性，很飘逸。刺绣的服装也很受欢迎，或者是自己亲手刺绣，或者是墨西哥、印度进口。在 70 年代首次见到朋克形象，也流行起了迪斯科时尚。约翰·特拉沃塔（John Travolta）导演的《周末夜狂热》（*Saturday Night Fever*），斯潘德克斯的弹性纤维喇叭裤、领巾、管状上衣和丝绸衬衫十分流行，1979 年这一切突然消失，又回到了奥黛丽·赫本的管状牛仔裤（图 8-10）。

图 8-10　70 年代嬉皮式风格

8. 1980—1990 年

20 世纪 80 年代看到了“权力”服装的到来,服装的肩部衬垫。肩部衬垫突然流行,其隐含的意思是,在 20 世纪 80 年代,工作的女性不再是少数,她们想穿着权力服装,显示她们在办公室与男性平等。20 世纪 80 年代,有相当多的服装廓形和样式,20 世纪四五十年代裙子再现,但此时肩部的衬垫非常厚(图 8-11)。

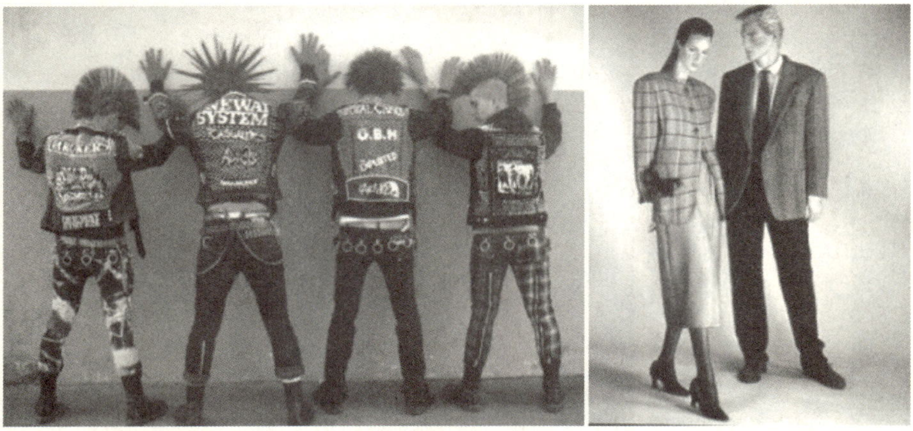

图 8-11　朋克袭击了大批年轻人,他们穿着极端的服装,唱着愤怒的音乐(左);另一个极端是采纳老一辈的象征权力的服装样式(右)

在 1980 年代,崛起的流行歌星麦当娜(Madonna)对女性的时尚起到很大的影响。在她的《宛如处女》(*Like a Virgin*)阶段,成千上万的年轻小女孩模仿她的时尚,包括胸罩穿在衣服外面、大的十字架首饰、蕾丝手套和网纱裙子(图 8-12)。短裤、紧的莱卡或皮革迷你裙、管状连衣裙,以及短的、波列罗样式的夹克。

图 8-12　象征“权力”的肩部衬垫或着重肩部的服装

9. 1990—2000 年

20 世纪 90 年代有各种各样的服装廓形，不再是盲目地追随时尚，也不再与 70 年代和 80 年代有什么明显的不同。过去担心穿得太薄，现在担心穿得太厚，强调自然廓形，揭示身体的真正体型。90 年代，时尚的新标准是极简主义。尽管一些设计师竭力挽救华丽复杂的服装，但是到了 90 年代末这种风格还是消失了。经济萧条，阻碍着时尚的发展，减弱了高级时尚设计师的权威地位。一些怀旧式的服装成为时尚，例如参照 40 年代的箱型女性套装，70 年代的农夫式上衣和喇叭裤等（图 8-13）。

图 8-13　露腹的短上衣和喇叭裤成为 90 年代的潮流（左）；反时尚的垃圾风格，来自《时尚》（*Vogue*）杂志，极具讽刺意味（右）

二、服装廓形分类

1. A 形

A 形轮廓是最普通的轮廓，经常用于描述裙子、连衣裙、夹克和大衣。它的基本形状是上部贴合身体，然后张开形成“A”字形状。A 形线裙子在臀部采用省或缝使其贴体，而不是采用抽褶或褶裥，渐渐张开直到裙摆；A 形线连衣裙下摆尺寸大于胸围和腰围，即夸张下摆、收缩肩部（图 8-14）。

首先使用字母表示服装廓形的是法国高级女装设计师迪奥，他将他的 1955 年春季发布会以 A 形线命名，其灵感来源于埃菲尔铁塔，目的是重返二战前的女性化特征。从 1954 年到 1956 年，他先后举行了三个发布会，均以英文大写字母命名，包括 H、A 和 Y，这三种轮廓均不同于他 1947 年发布的“新风貌”——细细的腰和膨大的裙摆。此时迪奥的 A 形线和现在的 A

形线有所不同，为窄窄的肩部，长的、光滑的侧缝线和逐渐张开的下摆，即喇叭式的上衣和裙子配套（图 8-15）。

A 形线轮廓取得了成功，这个术语很快被广泛使用。A 形线轮廓也成为 20 世纪 50 年代中后期一系列样式争论的焦点之一，这些样式不再强调腰部，将更加舒适和更加休闲的样式带进了时尚，迪奥和其他设计师设计了衬衫式和袋状的连衣裙、宽松的筒裙和箱型的套装，最为突出的是巴伦西亚加（Balenciaga）和香奈儿（Chanel）品牌服装。

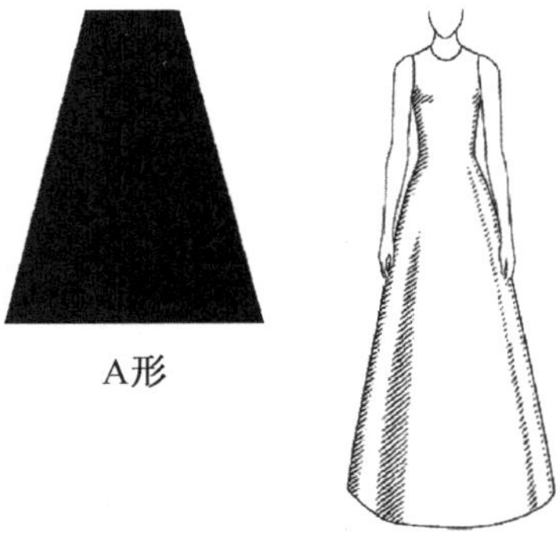

图 8-14　A 形廓形基本型

1958 年，迪奥的继承人伊夫·圣洛朗（Yves Saint Laurent）在接管迪奥时尚屋的首次发布会中推出了现代性 A 形线，生动地引入了“梯形线”，肩部贴体，然后急剧地张开，它具有高度的结构性，清晰的线条，非常适合现代的生活方式（图 8-16）。

图 8-15　1955 年迪奥的 A 形线

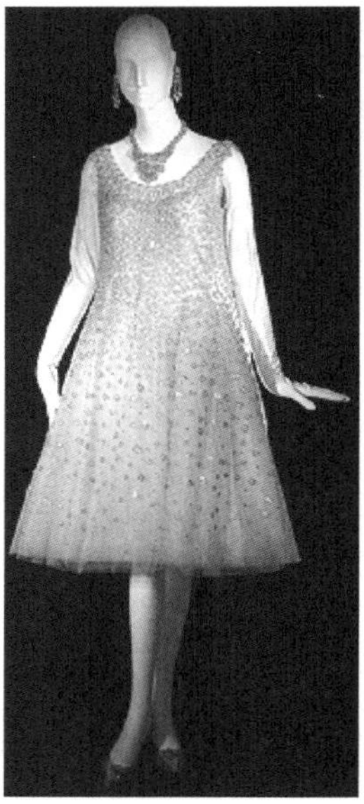

图 8-16　伊夫·圣洛朗 1958 年为迪奥品牌的发布会中的梯形线

伊夫·圣洛朗极端的新廓形没有很快被广泛接受，而是不太极端的样式在 20 世纪 60 年代早期变得很流行，并一直持续到 20 世纪 70 年代，那时 A 形裙子和连衣裙遍布世界各地。到了 20 世纪 80 年代早期 A 形廓形几乎从时尚中消失，但是在 20 世纪 90 年代后期由于怀旧趋势再度复兴。到了这时，直身的裙子和连衣裙已经持续了二十多年，早期的 A 形线和它的含义早已被人遗忘。A 形线的范围更加广泛，凡是臀部比胸部或腰部宽松的服装和各种张开的裙子都属于 A 形。在 21 世纪早期，迪奥和伊夫·圣洛朗的真正 A 形线样式得到复兴（图 8-17、图 8-18）。

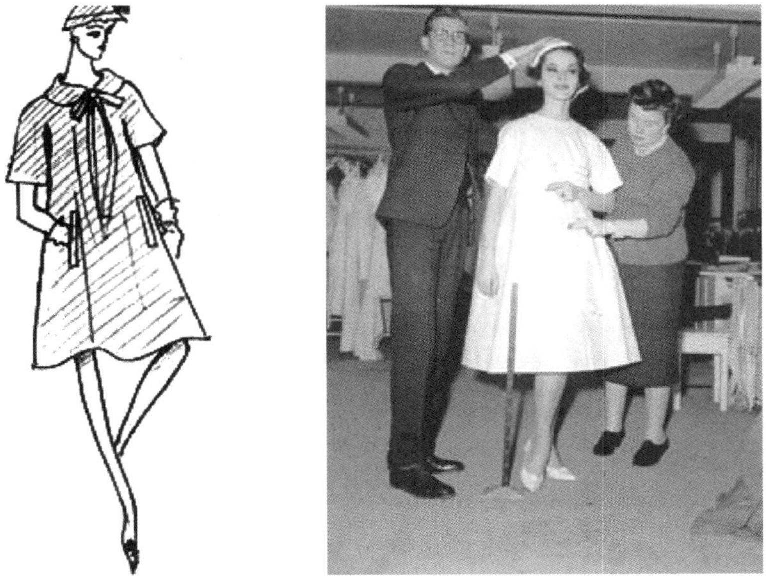

图 8-17 伊夫·圣洛朗的手绘（左）；伊夫·圣洛朗正在为模特儿试穿梯形线服装（右）

图 8-18 改良式的 A 形线，比传统 A 形线轮廓更加贴体（左）；A 形婚纱，腰线或高于或低于自然腰线（右）

当然，这种温柔的喇叭式裙子并非迪奥或伊夫·圣洛朗的创新，从 20 世纪三四十年代，甚至爱德华时期的服装中也可以找到类似的样式。但是，正是在此时 A 形线得到了发展，并且进入了时尚的词典。

A 形轮廓可以采用多种面料，腰线可有可无，也可高于或低于自然腰线。这种线型轮廓适合所有体型，因为它吸引视线向上。例如能够很好地掩盖水桶腰的缺陷，宽大的裙摆能够与腿部形成对比，适合臀部、腿部不够完美的人；A 形裙子在臀部贴体，使大的臀部与张开的下摆取得视觉上的平衡;对于较瘦的人,产生曲线美的视错;对于头重脚轻的人,产生沙漏型体型的视错,总之它给人以稳重、优雅、浪漫活泼的效果。

2. H形

H形服装整体造型如筒形,肩部、腰部、下摆的宽窄一致,富于轻松、自然之感,这类廓形简洁修长,具有中性化色彩。上衣和大衣等以不收腰、窄下摆为基本特征,衣身呈直筒状;裙子和裤子也以上下等宽的直筒状为特征,代表服装:大衣、连衣裙、筒裙、西裤等,穿着此类上衣可以很好地掩盖腰线不够明显的缺点,筒形的下装视觉上拉长了腿部线条,同时又起到修饰腿型不直的作用(图8-19)。

H形

图8-19　H形服装样式

3. X形

X形服装主要是通过夸张肩部和下摆,修饰和收束腰部而形成,也主要表现为收缩腰部,以烘托肩和下摆的宽度。

上衣和大衣等以宽肩、阔摆、收腰为基本特征。这种外形特别能体现女性的曲线美,是自然美和夸张美的最佳结合;这种外形还有变化、充满活泼浪漫的情调,给人以高贵时尚之感。X形服装主要特点是能充分地显示女性所独有的曲线美,具有长久的生命力。这是一种具有女性化色彩的廓形,整体造型优雅且不失活泼感(图8-20)。

此类服装适合的人群比较宽泛,肩部的夸张可以掩饰肩膀臃肿的缺点,在宽围度下摆的对比下使腿部显得细长;腰线上抬的X形连衣裙可以掩盖小腹的赘肉,同时起到拉长腿部线条的作用。

X形

图 8-20　历史上的 X 形服装与迪奥设计的 X 形“新风貌”服装

4. Y 形

Y 形上宽下窄形成倒三角或倒梯形，整体穿着风格：洒脱、刚强、具有男性美。

代表服装：夸张肩部、缩小下摆的夹克、连衣裙、大衣等。Y 形服装夸张的肩部可以掩盖宽厚的背部以及较肥的胳膊，突出腰部的曲线，又可以起到拉长下半身的效果（图 8-21）。

Y形

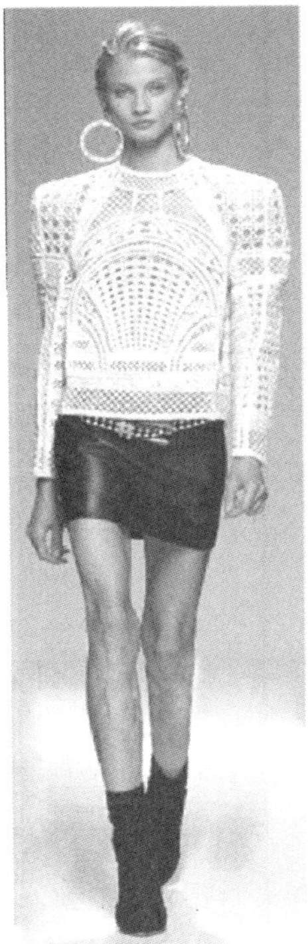

图 8-21　Y 形服装造型

5. T 形

T 形服装与 Y 形的服装相似，以夸张的肩部为特点，肩部以下为直线型呈 T 形，整体穿着给人干练、帅气之感，肩部的设计可以遮盖背部和手臂的缺陷，肩部以下是直线条可以拉长人体线条，使比例更加完美（图 8-22）。

图 8-22　T 形服装造型

6. S 形

S 形较 X 形而言，这类廓形女性味更为浓厚，它通过结构设计，面料特性等手段达到体现女性“S”形曲线美的目的，体现出女性特有的浪漫、柔和、典雅的魅力。20 世纪初，英国爱德华年代，女性着装从侧面看呈 S 形。

S 形是最适合表现女性人体的外形，一般用于礼服的设计，对穿着者的身材要求比较高（图 8-23）。

7. O 形

O 形具有夸张肩部，收缩下摆，形成“O”的造型，宽松舒适，外轮廓相对柔和，圆润可爱。O 形会让身体得到充分自由，多用于创意装的设计，充满幽默时髦的气息。O 形服装的搭配要点是手部和腿部要尽量显得修长，适合身型修长的人群穿着。O 形有包裹给人一种可爱的感觉，可以掩饰腰部臀部的缺陷（图 8-24）。

图 8-23　S 形

O

O形

图 8-24 O 形服装造型

第九讲

人体与体型

服装为人体服务，人体是限制服装造型最主要的因素，但人体比例是服装造型的依据。对服装设计师来说，要充分了解人体，掌握人体各部位与服装的关系，才能准确无误地表现人体；对于着装者来说，要充分了解自身的体型，才能挑选适合自己的服装，充分显示自身体型的优点，掩盖其不足之处。

一、人体生长比例

人体由头、躯干和四肢部分组成。人体的基本比例，一般是以人的头长为衡量单位，计量人的全身长度和宽度。人体因年龄的不同，其基本比例也有很大的差异。幼儿的头部较大，四肢较短，1～2 岁全身长度约为四个头长；3～4 岁的约为五个头长；5～6 岁的约为六个头长；10～14 岁的约为七个头长；15～18 岁约为七个成人头长；20 岁左右约为成年人的比例（图 9-1）。中国人属于东方人种，正常成年人的总体高是 7 至 7.5 个头长（图 9-1）。

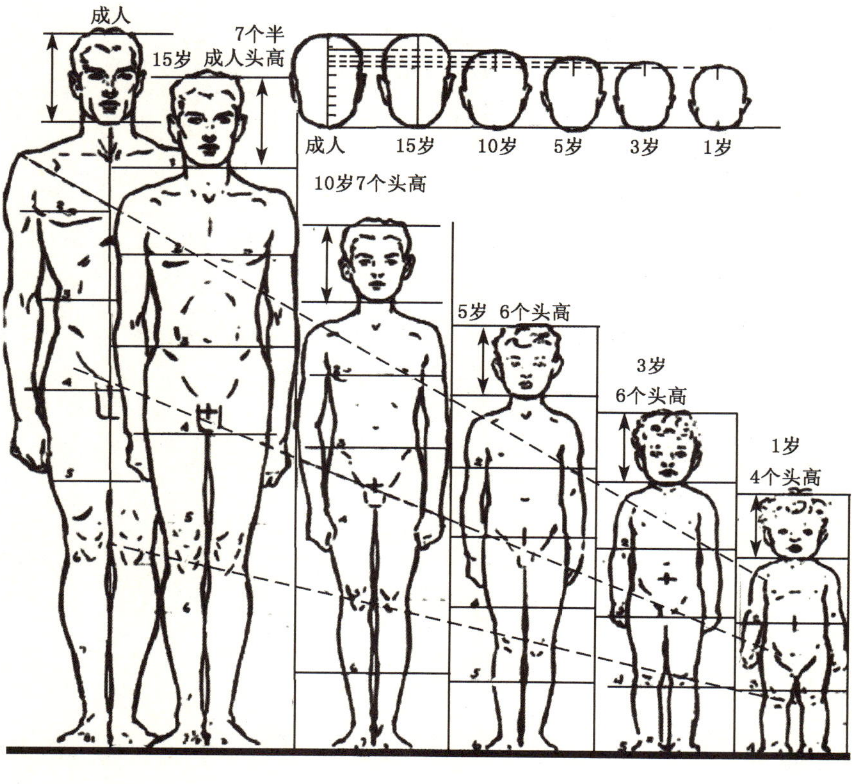

图 9-1　不同年龄阶段，人的头长以及头长与身长的比例关系。

在人体的全身长度中，一般以耻骨为 1/2 划分点，往上至肚脐是一个头长，再往上至下颌骨是两个头长。从耻骨向下至足跟约为三个到三个半头长。一般从耻骨至膝盖是两个头长，从膝盖骨至足跟为两个头或两个半头长（图 9-2）。

在人体的宽度方面，两肩端点的间距为两个头长左右，两乳间的距离约为一个头长，腰宽一般略大于一个头长。

老年人因关节软骨萎缩、脊柱弯曲、下肢缩短的缘故，总体高较壮年略低。上肢因肩部下溜反而显长，中指尖可达大腿中段偏下。

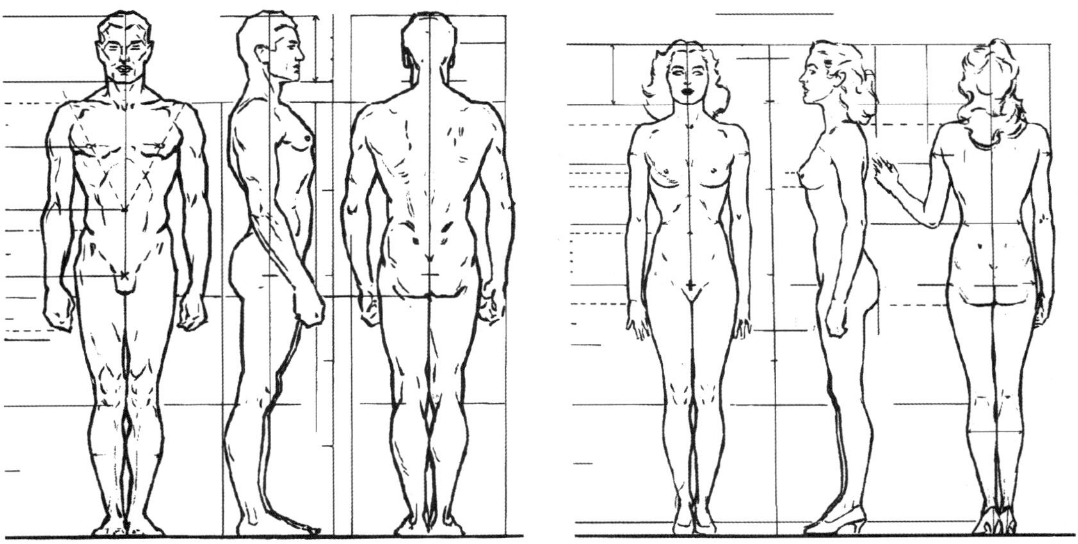

图 9-2 理想的男、女性体型与头长的比例关系

二、人体体质类型

人体的体格可以分为三种体质类型。谢尔登人体分类法按照人体结构的三种极端类型，将人体划分为三种，即内胚层体型或圆胖型，中胚层体型或肌肉型，外胚层体型或瘦长型（图 9-3）。

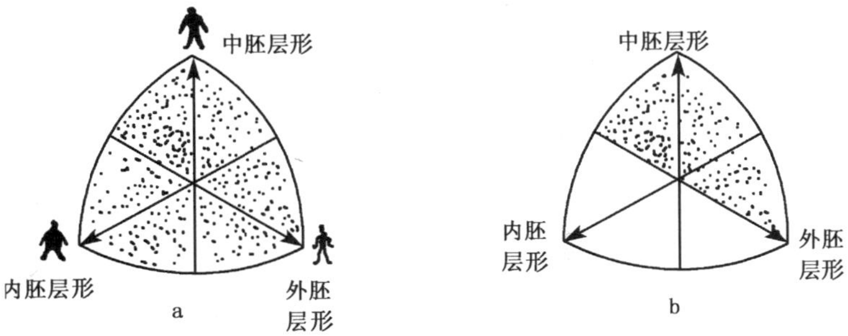

图 9-3 体型部图，a 普通人的体型分布（左）；b 奥林匹克田径运动员的体型公布（右）

① 内胚层体型是发育成的组织由内胚层占优势的一种身体构造类型，全身各部较软而圆，消化器官肥大，脂肪沉积丰富，故躯干和大腿特大，而上肢和小腿特细（图 9-4）。

② 中胚层体型是发育成的组织由中胚层占优势的一种身体构造类型。其肌肉、骨骼及结缔

组织颇为发育、体格健壮、结实,有粗壮的外表(图 9-5)。

③ 外胚层体型是发育成的组织由外胚层占优势的一种身体建造类型。其体形细长,显得瘦弱,肌肉组织和皮下组织不发达(图 9-6)。

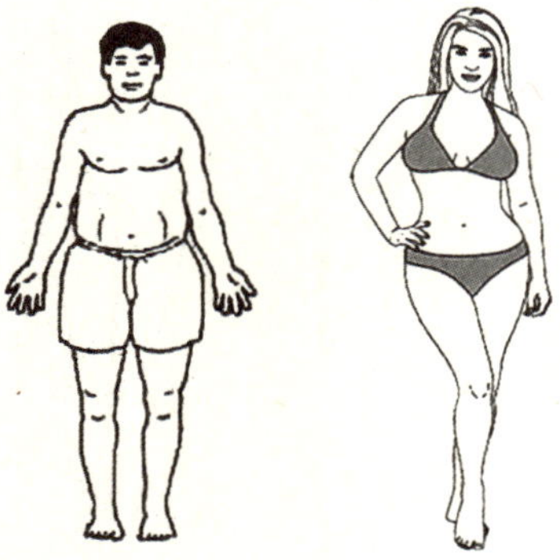

图 9-4 内胚层体型

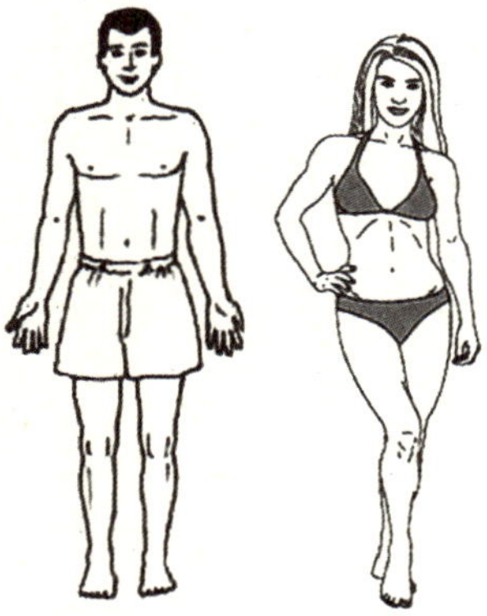

图 9-5 中胚层体型

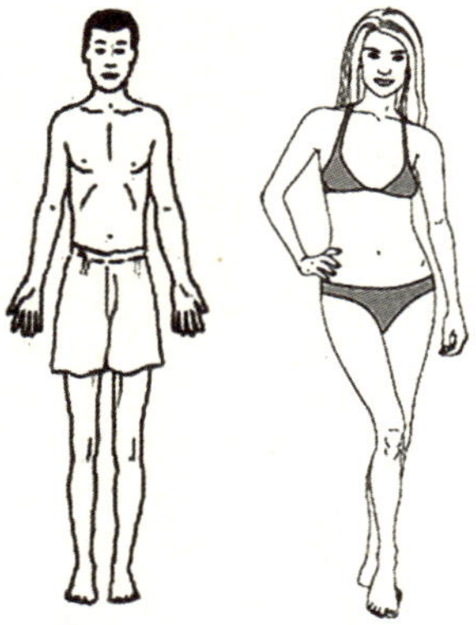

图 9-6 外胚层体型

内胚层体型、中胚层体型和外胚层体型,三个因子的数量关系决定一个人的体形结构,定义为体型。每个人体型的评定都包含这三个体型因子的得分,它们之间的关系构成了体型的总评价。一个人的体型可以用三维正交坐标系的一个点代表,也可化为二维平面图上的坐标点,这就是评定体型常用的体型位图。

具体说,每个人的体型可用三位数字来表示,第一位数为内胚层体型,第二位数为中胚层体型,第三位数为外胚层体型,每一位数又分为 1 ~ 7 七个级别。由此,极端内胚层体型是 711 型,极端中胚层体型是 171 型,极端外胚层体型是 117 型。分类数级是互相否定的,所以一类的高位数,必然排除其他两类的高位数。实际上,极端类型(711, 171, 117)很少或根本不存在,正常体型的人其数值接近于 444,为三种极端类型之间的平衡数值。

三、人体运动的基本规律

人体由 200 多块大小形状不同的骨头和 500 多块各种各样的肌肉所组成,所以,人体的运动产生各种复杂的变化形态。

人是有生命的,人体无时无刻不在运动。就人体在空间存在的形式而言,可分为运动和相对静止两种基本状态。但不论是哪种状态,只要在地球上,都受到重心向支撑面垂落的规律所支配。当人体的重心向支撑面以外移动时,就发生移位,人体便处在空间移位的运动之中。

人体整体或局部运动形式的特点大致可分为三类:平动(如滑雪);转动(如掷铁饼)和“复

合运动”。平动的运动轨迹可以是直线，也可以是曲线。人体各部分沿某一中心点或绕轴旋转，可称为人体的整体转动，但人体大部分的运动形式是人体局部关节的多次转动而最终构成平动的形式，即复合运动如走和跑。

人体运动的发生是肌肉作用于骨胳产生的。而骨胳的移位是在关节的活动中实现的。因此，人体运动受到关节构造形成的活动范围所制约。如果违反了这点，就会造成人体造型上的错误。

在人体运动过程中，一般都是以躯干的大关节依次推动各小关节，从而达到运动目的。这是人体运动中程序性规律。人体运动主要的体态变化均在上下肢体的屈伸与旋转、躯干的弯曲与扭动。

1. 躯干部分

人体躯干部位的主要活动点是颈部、肩部和腰部。颈部的运动幅度较小，主要有倾、仰和转动。

肩部的运动幅度也不很大。由于肩部是上肢和躯干的连接之处，胸、背等部位肌肉通过肩关节牵动上肢进行较为复杂的运动，所以肩关节也自然成为人体最主要的活动关节之一。

腰部是躯干活动时运动幅度较大、变化较明显的部位。有向前、后、左、右弯腰动作，扭动点在腰节部位。

对于躯干部位的胸、背和骨盆来讲，虽然其活动变化不十分大，但是与人体的呼吸息息相关。

2. 上肢部分

上肢有肩关节、肘关节、腕关节。上肢的活动幅度比较大，能作伸屈、回旋和挥举等各种方式的复杂运动，其主要的活动点是肩关节和肘关节。上肢在自然垂放时，上臂和前臂呈一定角度。

3. 下肢部分

下肢有髋关节、膝关节、踝关节。下肢是人体的支柱，结构上比上肢粗壮发达，人用其进行行走、坐、蹲、跳和踢等活动。下肢主要的活动点是髋关节和膝关节。下肢的形状和结构，决定了大腿和小腿的运动方向和限度。

四、男女体型特征

男女人体由于生理差异，形成比例上的差别，具有各自不同的特点。

从宽度上看：男性肩部宽，骨盆窄；女性肩部窄，骨盆宽。

从长度看：男性由于胸部体积大，显得腰部以上发达，女性由于臀部宽阔，显得腰部以下发达。由此造成女性体型腰节线较高，往往在肚脐以上，而男性体型肩部至腰节距离较长，腰节线较低，基本与肚脐齐平。女性的四肢较男性略短，垂手时指尖在大腿中段偏上方，全身比例和其他分段与男性相同。

从轮廓看,男性肌肉起伏显著,脂肪少,肩部宽臀部窄,构成了上大下小的体型特征,从正面看,男性的身体成倒梯形。女性则脂肪较多,肌肉起伏不明显,肩部窄臀部宽,构成了上小下大的体型特征,从正面看,女性的身体成葫芦形。

总的来说,女性的线条柔美顺畅,男性则是坚强刚劲,肌肉的块状感更强一些。

五、男女体型分类

身体的体型主要指比例,服装就是为这些身体体型服务,使他们看上去更加漂亮。当谈到体型时,不是指高度和重量,而是指形状。

每个人是唯一的,同样每个人的身体形状也是唯一的。但是,人的体型可以归纳为5种类型:梨形、楔形、长方形、苹果形和沙漏形。一个人可能正好是其中的一种体型,也可能是两种或多种体型的混合。

当人们决定了自己的体型是什么类型时,就可以考虑是否跟随流行的外轮廓还是避免它。因此,可以裸体站在镜子前面,对自己的身体进行公平和诚实的评估。

1. 女性体型分类

女性体型有以下几种分类(图9-7)。

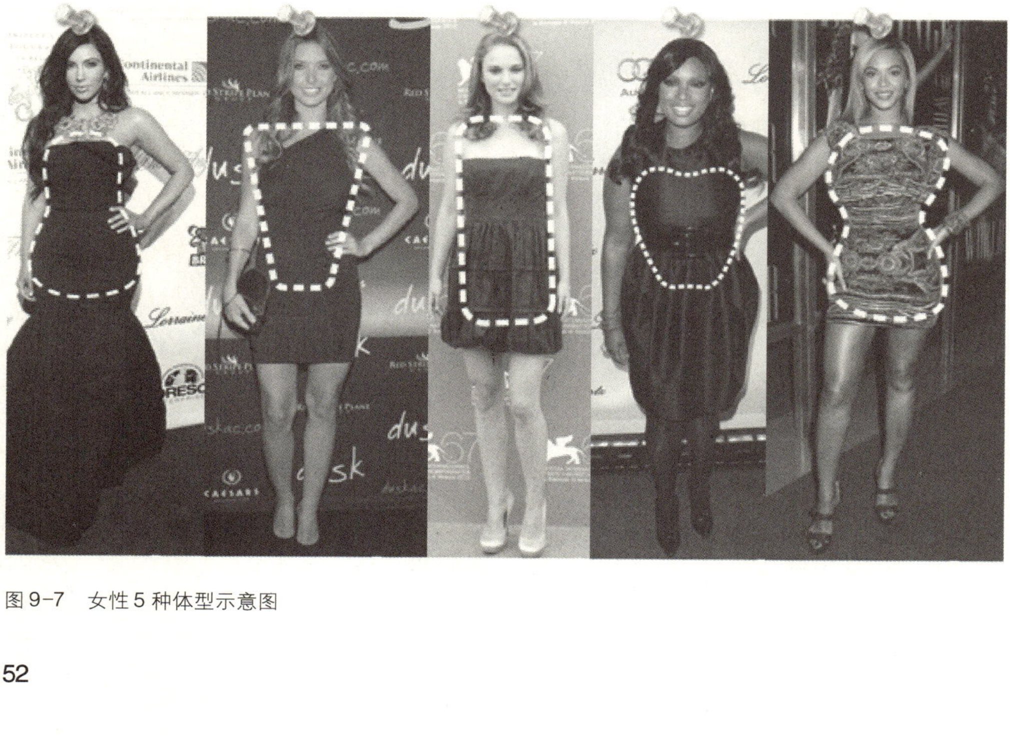

图9-7　女性5种体型示意图

（1）梨形体型

著名明星金·卡戴珊(Kim Kardashian),伊娃·门德斯(Eva Mendes),詹妮弗·洛芙·海维特(Jennifer Love-Hewitt),凯瑟琳·海格尔(Katherine Heigl)是此类体型(图 9-8)。

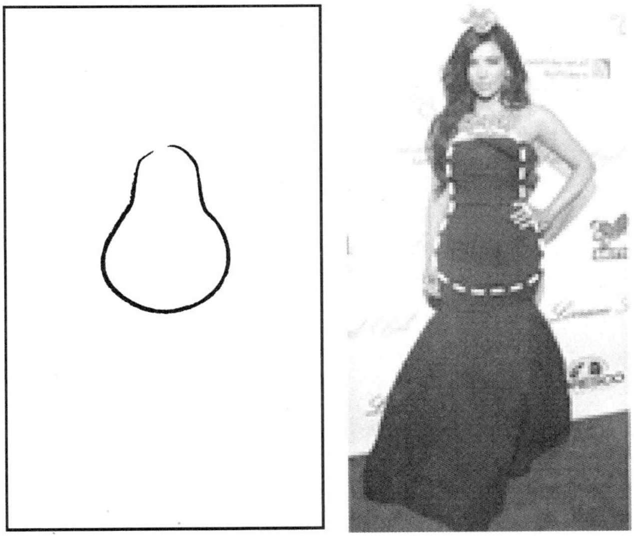

图 9-8　梨形体型

梨形即身体的下半身比上半身宽,换句话说,臀部比肩部宽,腹部圆滚,腰线明确。在比例上这种体型胸围和腰围的比远远小于臀围和大腿的比。有些女性的工作需要久坐少动,这些女性往往发展成这种体型。这种体型的人发胖的时候,身体比例不变,大部分肉都长到臀部和大腿上。

（2）楔形体型

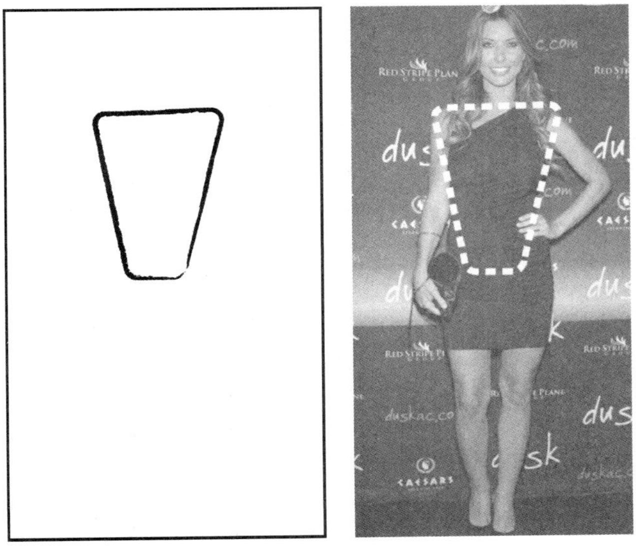

图 9-9　楔形体型

著名明星模特娜奥米·坎贝尔(Naomi Campbell),电影演员黛米·摩尔(Demi Moore),戏剧电影演员蕾妮·齐薇格(Renee Zellweger),演员泰瑞·海切尔(Teri Hatcher)是此类体型。

楔型体型也就是众所周知的倒三角体型,这种体型在比例上来说,肩和胸部较宽,腰和臀部较窄(图9-9)。

(3) 长方形体型

著名明星电影演员娜塔丽·波特曼(Natalie Portman),电影演员卡梅隆·迪亚兹(Cameron Diaz),电影演员凯特·哈德森(Kate Hudson),电影演员希拉里·斯万克(Hilary Swank)是此类体型(图9-10)。

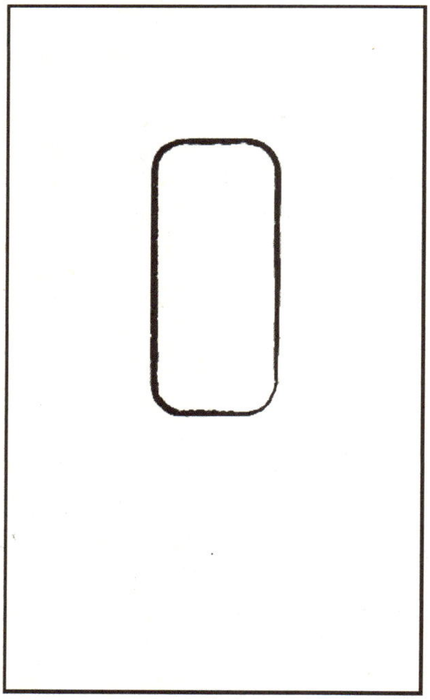

图9-10 长方形体型

长方形体型特征:腰部、臀部和肩部的宽度相似或相同,或腰部略微窄于肩部和臀部,通常身体比较扁平。

(4) 苹果形体型

著名明星德鲁·巴里摩尔(Drew Barrymore)、奎因·拉蒂法(Queen Latifah),伊娃·朗格利亚(Eva Longoria),珍妮佛·哈德逊(Jennifer Hudson)是此类体型。

体型特征是身体大多数重量聚集在臀部上方,但臀部窄,背部、肋部和肩部圆滚,比其他类型的身体看上去宽(图9-11)。

(5) 沙漏形体型

著名明星碧昂斯(Beyonce),莎尔玛·海雅克(Salma Hayek),斯嘉丽·约翰逊(Scarlett Johansson),哈莉·贝瑞(Halle Berry),凡妮莎·米尼洛(Vanessa Minnillo)是此类体型(图9-12)。

沙漏形体型是指肩部和臀部在比例上相似,肩部相对成方形,但是腰部较细,比胸部和臀部小 20 ~25 厘米。

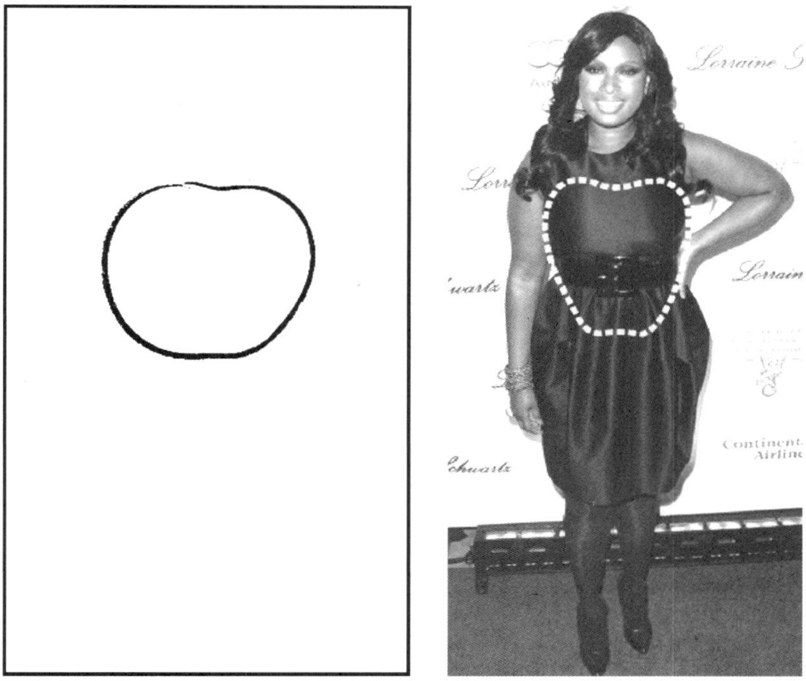

图 9-11 苹果形体型

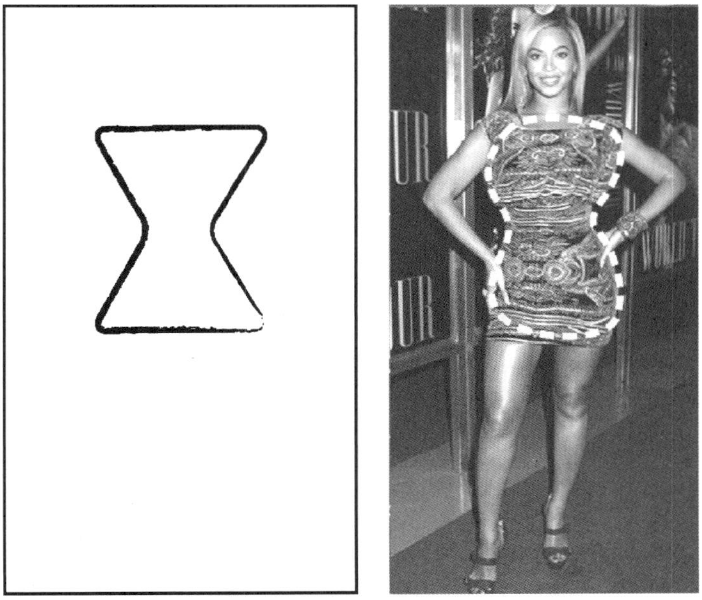

图 9-12 沙漏形体型

2. 男性体型分类

男性体型有以下几种类型（图9-13）。

① 梨形体型：身体中部偏大（图中1号男性）。

图9-13　男性体型示意图

② 黄瓜形体型：从上到下直的，没有多余的赘肉（图中2号男性）。

③ 番茄形体型：身体从上到下圆乎乎的（图中3号男性）。

④ 砖头形体型：整个身体宽而结实（图中4号男性）。

⑤ 玉米片形体型：瘦腰、宽肩（图中5号男性）。

⑥ 刀豆形体型：皮包骨头、精干型（图中6号男性）。

⑦ 雪人形体型：腹部和胸部圆滚（图中7号男性）。

六、人体与服装

科学的发展为人类生存提供了更好的条件。人们充分意识到生存所使用的必须物品应该首先对自身没有伤害。服装本为人服务，对人体有直接的影响。人体需要行走和活动，因此，服装的功能不能超越人体或者忽略人体，必须建立在保护人类自身的基础上，才能考虑服装的美化和创新。

1. 服装与人体的健康

在服装历史上，可以列举很多事例，反映了人们在借用服装美化人体时，对人体产生不同程度的伤害。例如,16 世纪的紧身胸衣。人们为了满足对美的追求,崇尚纤细的腰肢,女孩子从很小的时候就得穿上紧身胸衣,来改变正常的发育状态,达到美的理想,腰围只有 30 ~ 33 厘米,其后果产生了内脏受到挤压和位移,包括肋骨在内的骨骼变形,部分肌肉萎缩,使人失去了正常的自然生存能力,严重地影响了人体的健康。在我国曾经盛行缠足,非洲土著人以大嘴唇为美,缅甸帕达翁人以长脖子为美等,都是对人体伤害的实例。这些实例是为人所目睹的,然而,一些为人不易觉察到的伤害,例如,女性穿过紧的牛仔裤,容易造成生理上正常的发育障碍。

因此,讲究服装美,满足人的生理上和心理上需要的同时,更应该讲究服装的实际应用价值,这是人们在经过了漫长的生活实践经验积累所得出的结论。

随着现代科学的进步和发展,服装卫生学逐步受到人们的重视。人们已经不仅仅满足服装物品的存在,更追求科学地使用,希望服装用品美观、适用,还要有益于人体的健康。除了对服装造型与人体生理卫生进行了解和研究外,还要对人体生理的动作条件,服装结构的长宽比例,面积和体积,静态与动态,男性身体和女性身体,以及正常体型和非正常体型等的状况进行必要的认识、分析和研究。

2. 服装与人体的舒适性

服装要适应人体活动的实际需求。生命在于运动,人不可能因穿戴的美观而静止不动。把人束缚起来,使人不能进行必要的活动,或对人的活动有所限制的服装是没有实际意义的。人体的运动与服装的各个部位形成一一对应关系。

在上衣造型中,领部的设计主要涉及颈部,要充分考虑颈部的活动形式和头、颈、肩的关系。在一般情况下,服装的领围要有适当的宽松度,而且,不同的服装款式,宽松度的程度不同。在袖子的设计上要考虑袖子造型和袖窿的宽松程度,从袖肘至袖口部位向前弯曲形成弧度。在腰部设计上,要考虑服装的腰节位置和腰围的宽松程度。

在裤子的造型中,在臀围和大腿部位必须有充分的宽松量来适应其运动。裤子的面料要有一定的坚牢度。

在着装时,人体与服装之间产生具有一定温度和湿度的空气层,也称之为"内气候",即人体表面和服装之间存在的微小气候。

人在穿着适合自己的服装,不觉得热或冷,而是感到舒适时,身体躯干最内空气层气温为 32 度左右,相对湿度在 50% 左右。外界湿度低而干燥时,服装最内空气层湿度也是低的;外界湿度高时,最内空气层受影响不大,稳定保持在 50% 左右。这样,服装内的气候是越向外层,温度就逐渐降低,而湿度逐渐增高。

对人的生存来说,服装的调节作用十分重要。不论季节、地理位置、气候条件和环境如何变化,人们总是根据需要选择不同的服装保护身体,使身体感觉舒适,并美化身体。人们可以通过选择服装的种类、件数和厚薄,改变气候造成的冷热感觉,转变为舒适的感觉,实际上就是调节了内气候。一般说来,舒适性好的服装,在条件变化时,内气候比较稳定,即当外界条件变化时,服装的内空气层的温度变化不大,所以人们就不会感到不舒服。相反,舒适性能差的服装,在外界条件变化时,服装内空气层的温度急剧上升或下降,水分会积聚过多或散发过快,人们就会感到过于潮热、过于寒冷或过于潮湿,引起皮肤发黏等不舒适的感觉。

七、服装与着装者

富兰克林说:“饮食也许可以随心所欲,穿衣却得考虑他人的印象。”在人生道路上,易于达到目的、取得成功的人,往往是能巧妙掌握服装语言的人。他们懂得如何恰如其分地着装,以取得周围人们的好感和信赖。

正确的着装应该是当别人见到你时夸奖你“今天真漂亮”,而不是夸奖你“今天你的服装真漂亮。”

1. 无声的语言

众所周知,“人靠衣装,马靠鞍。”这也许有点夸张,因为还有很多其他决定因素,但是,从很大程度上说,这是真的。在这个世界上,很多情况下,你的穿着能够增强或者削弱你。服装既是你最好的朋友,又是你最坏的敌人。

在你还没有张口说话之前,你的着装已经告诉人们你的许多情况。事实上,人们不期而遇时是一种非语言交流,很大程度上,是你的整体外表和行为。

当人们第一相遇的时候,他们彼此立即根据外表来判断对方。在大多数情况下,人们花去比眨眼还短的时间就对陌生人做出决定。

在索尔比(William Thourlby)的一书《衣着代表你的为人》(*You Are What You Wear*)中,他对生活的看法极其现实,他觉得现在的社会只认衣冠不认人,或者叫只凭衣冠认人。“当你走进一个房间,即使房间里没有人认识你或者以前见过你,但是,他们仅仅凭你的外表打扮就可以对你做出十个方面的判断,甚至还可以更多:①你的经济水平;②你的文化程度;③你的可信任程度;④你的社会地位;⑤你的老练程度;⑥你家庭的经济情况;⑦你家庭的社会地位;⑧你的家庭教养;⑨你是不是成功人士;⑩你的品行。”你说你从不以衣帽取人,但是除了你以外的所有人都以衣帽取人,你怎么办?最好的选择自然是革命,推翻旧世界,然后洗脑,把大伙儿改造成你一样的纯情新人。估计你会嫌烦,不愿意去发动这样一场革命。那么,你就只能随波逐流与世沉浮,不过世人都以衣帽取人,你何不就以衣帽取胜?索尔比说:“有一条金色箴言要记住——那些注重穿着,不让他人产生反感的人将拥有更多的成功机会。”

索尔比给热爱成功的商界男孩的忠告是:第一,穿着要保守老成一点,永远不要因为时髦而显得滑稽;第二,你的职场目标是什么,你就穿得像什么。如果你现在只是保险公司的初级文员,你想成为推销员,那就把自己打扮成一个十足的跑街先生。如果你的目标是公司的副总,那就像目前的那位副总一样,用国际名牌来武装自己。武装职场的铠甲是成功路上的第一件任务,如同学习认识 MACD 和市盈率。

在我们社会,某种相貌具有特别的含义。这似乎不公平,但是它是真实的。例如,肮脏、泥泞的外表、凌乱的发型和褶皱的服装,不管什么原因,传达了“我不在乎”的信息。一个身穿紧身服装,领线开得很低,可能传达的信息是“我很有吸引力、很性感”。另一方面,一个衣着入时、整洁干净、得体的人,在参加商务活动时,大多数情形下是能被人接受的。一个关键的理由是,此人的着装传达了可靠性、胜任性和自信性。

服装的肌理和线条同样能够传达无声的信息。服装具有柔软的线条显示了一个人的可接触性和亲密性,而笔挺的肌理可能表明一个人想被认为是讲究效率的人。服装的线条,不管是笔直的或飘逸的,提示人们一个人的个性的严格程度。

有时,服装是我们个性的唯一视觉线索,甚至其他指示非常明显的时候,服装继续显示个性的陈述。着装的方式还显示出愤怒、进攻性、不确定性或沮丧的情绪。

关于服装的非言辞表达提示的知识,是非常有用的,可以帮助人们得到最初的了解,还可以在日常的交往中觉察出变化。甚至着装上一天一天的小变化,能够带来其他的变化,也许对你非常重要。当然,如果你精通着装代码,它能增强你与别人相处的能力。当你学会从他人那里解释微妙的信息时,你也传播了你自己的信息。不论好坏,意识到你的外表和行为影响到别人对你的反应。通过你的着装和修饰,强调你的肯定方面,可以激起你的能力和判断方面的信心,提升你的自尊。本质上,你的服装能够体现自我的形象。

可以肯定,服装对个人在社会中的交往起着很重要的影响。不可否认的是,第一印象不仅基于你的笑容和与对方的握手,还基于你的着装。

尽管着装最基本的功能是为了保护身体,服装也可以被用来与他人交流很多关于我们的信息。例如,人们穿着某种类型的服装显示他们的信仰。穆斯林女性戴面纱或头巾;犹太男性戴圆顶小帽;基督徒戴十字架告知别人他们遵循着一种特定的生活方式和传统。同样地,服装还能交流民族信息。在很多传统的仪式或节日,每种文化都有特定的服装。例如,印度的纱丽、日本的和服、苏格兰的短裙、阿富汗的包头巾,菲律宾的大包刀。部队服装也是如此,不同的服装和肩章能够识别士兵属于哪个级别。

除了能够交流一个人的信仰和民族以外,服装能够用来吸引他人。男性和女性装饰自己,紧跟时尚潮流,吸引他们感兴趣的同伴。在这种情形下,服装成为自我表达的一种方式。人们能够通过服装感知权力、财富、性吸引、个性或创造力。

2. 正确的着装

不管我们喜欢还是不喜欢,穿着是至关重要的!我们如何穿着,正确与否,是别人使用正确或错误的判断标准之一。重新思考我们对时尚的态度,也许能够改变我们的想法,使服装为我们服务。

正确着装的第一步是意识到服装是你自身的延伸,通过着装改变自身的身体,而不是掩盖自身作为目标。正确着装不是生命中的一切和生命的终结,但是,它能潜在性地根据你的穿着改变你的个性,根据向往职位的服装样板选择着装,实现其理想。

人们如何利用服装发挥它的最大优势?时尚是很复杂的,选择服装不是那么轻而易举的事情。一个人选择一套特别的套装,能使他变成一个很受追捧的人。也有人希望服装能留住他的青春,弥补美容医师也无法做到的事情。将服装放在一个正确的视角上是必要的。

正确的着装就是使我们感觉良好和舒适,同时可以达到自我尊重的目的。

没有人愿意看上去很糟糕的样子。当然,着装正确不能与消除饥饿和避免核武器大屠杀的世界性意义的规模相比。每天的追求和担心不会产生震撼世界的结果。因此,可以不必太注意我们自己或者我们的衣橱。但是,从另一方面看,不可以不关注我们的外表。因为你可能没有机会弥补别人对你的第一印象。当我们没有机会通过语言表达自身的时候，我们的服装能够代劳。这就表明了服装具有交流性。例如：银行套装使人想起一种特别的形象，通常是某人穿着海军蓝的西服、白色衬衫和一条保守的条纹领带。很明显不是所有的银行工作人员都穿这样的服装，但是这种套装表明它的权威性和潜在性，使我们做出了假想什么样的人穿这种服装。随着时间的推移和较多的接触后，可能证明我们是错误的，但是服装已经发出了信号。

如果我们只依靠服装来表达我们是谁，我们可能就像是纸偶。但我们也不是只靠大脑、漂亮和成就装扮的人。我们是人类，我们尽我们所能装扮。我们想从别人那里接受有用的东西。喜欢或不喜欢，我们的样貌如何，当我们与陌生人第一次见面的时候，只有着装是唯一的线索供陌生人评估。然后，当时间相处久了，人们有希望知晓我们，而不仅仅是我们的外表。但是，讽刺意味的是，我们如何着装既能改变我们的外表，也能改变我们内在的情感。时尚设计师亚历山大·朱利安（Alexander Julian）指出了一个悖论："你可能需要自信去穿着某种风格的服装，但是，通过穿着它，你获得了自信。"

什么样的服装是漂亮的，是根据你与服装的关系，而不是服装本身。大多数人穿着是为了别人，在你的心中必须清楚地知道你是谁，你看上去是多么的与众不同，个性是一种精神体验的过程。

3. 认识自己的体型

很少有自然的体型与时尚的理想体型吻合。人们的体型多种多样，每一种体型都有自身的特征和穿衣是否得体的问题，但是，不必沮丧。不管你是什么类型的体型，你所穿着的服装能够帮助你取得理想体型的幻觉。通过服装的比例和轮廓可以重新构架你的自然体型并且控制别人观看的视觉。

通常人们首先看到我们身体的轮廓。在时尚中，有三种轮廓要考虑：我们身体的轮廓；理想的轮廓和你的视幻轮廓。

身体轮廓是由你的身体形状和外形决定：你的骨架、比例和你身体的量感分布（或者肉感）。相同的骨架由于肉感的不同分布，轮廓上可能产生显著的变化。

理想的轮廓由文化、社会和时尚决定。也许理想体型是一种平衡的沙漏形体型，即肩部和臀部大约有相同的宽度。

视幻轮廓可以通过服装、面料、色彩和配件取得。

创造什么样的视幻？大多数女性想改变她们身体轮廓，变成理想的轮廓。在决定你想如何呈现你的体型之前，你首先需要了解你体型的有利条件和不利条件。

第一步列表，记录下对你体型的分析。首先，写下你最喜欢的三个特征（你的有利条件）和三个不利条件。然后，检查你属于哪种体型，接下来分析你的比例和采取创造你理想体型的策略。

（1）找到你的体型

尽管我们的身体是三维的，我们可以将我们的身体看成是平面的，通常是从前面观看的平面。你的体型类型决定了你的轮廓。很多人是多种体型的组合，因此，选择最具特征的一种，哪种是最接近你未穿衣时的体型，找到一种主要的轮廓。

（2）测量你的比例

就像理想体型一样，同样你的体型也需要有理想的比例。了解你的比例与理想比例有何不同，可以帮助你取得更好的着装效果，设计你视幻轮廓。

下面的方法帮助你决定你的比例。首先需要一张牛皮纸，宽度宽于你最宽的地方，高度高于你的身体。一根钢尺，一支铅笔和一位了解你朋友。你需要穿着一件贴体的服装，腿部裸露，不穿鞋子。将纸贴在墙壁上，地面上留几英寸，在纸的中央画一条垂直的线。以正常的姿势沿垂直线站立。测量关键点之间的距离，并将它们记录在表格里（图 10-1、图 10-2）。

① 识别横向比例。

- 肩的宽度。测量你肩部最宽的部位，也许包括上臂。
- 腰的宽度。测量你腰部最窄部位，将自然腰线处系一根带子，测量起来很有帮助。
- 臀部的宽度。测量你臀部最丰满处，包括你大腿的上部分。

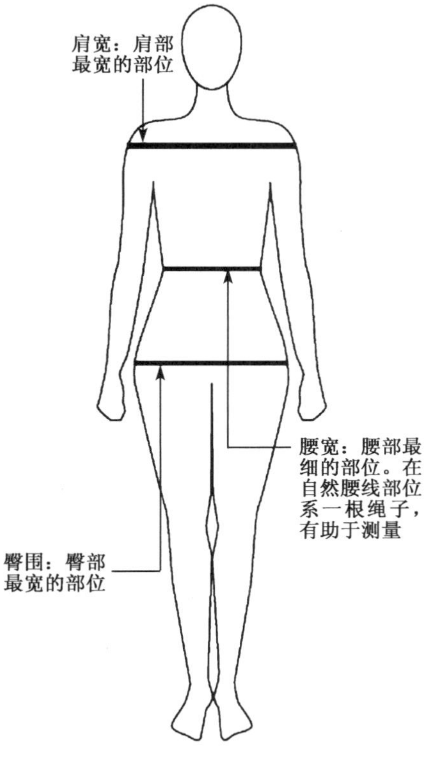

图 10-1 测量肩部、腰部和臀部的宽度

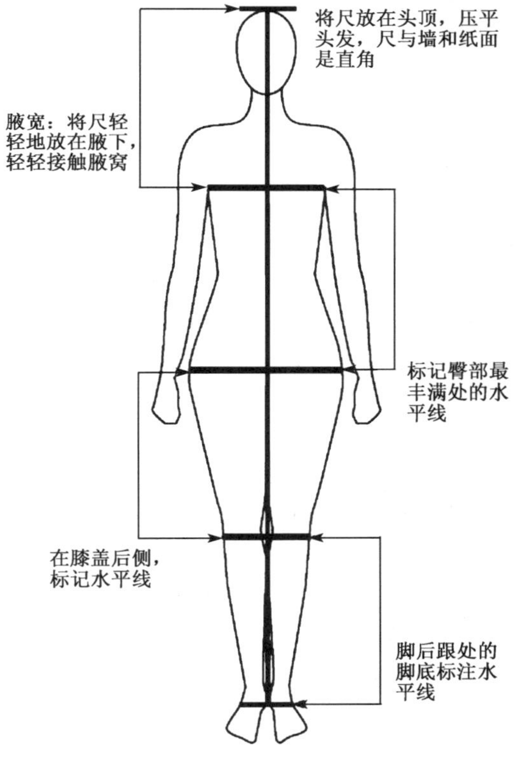

图 10-2 测量头、腋下、臀、膝和后脚跟的水平位置

② 识别垂直比例。理想的符合比例的体型分为四个部分：从头顶到腋窝，从腋窝到臀部，从臀部到膝盖，从膝盖到地面。通过分为四份来计算你的理想比例。在四个关键点做上记号，然后测量它们之间的长度，记录在表格上。检查每一部分是长于还是短于你的理想比例。你可以使用视幻技巧来加长或缩短它们。

- 头顶。用尺将你的头发压平，尺垂直于墙和纸的表面。
- 腋下。将尺轻轻地放在你的手臂下方，刚好接触到腋窝。
- 臀部。标记臀部最丰满处的水平位置。
- 膝盖。在膝盖的后中央标记水平线。
- 脚跟。在脚后跟底部标记。

4. 视幻技巧

现在你已经有了关于你体型轮廓的信息，你可以塑造你视觉的轮廓。从表格上考虑你体型的三个优点，这些部位也许是你想强调的。同样检查三个有挑战性的部位，是否想忽视它们或者掩盖它们。当你为你的体型检查视幻策略时，心中记住你体型的优势和不足之处。

当与你的个人目标冲突的时候，可以放弃那些策略。使用体型策略加宽、变窄、加长或缩短，通过选择服装的形状、细节、色彩、肌理和配件，帮助你从视觉上改变你体型的比例，创造视幻的理想轮廓。

如果你的体型是两种体型的结合，将几种策略结合起来应用到你的体型上。一旦你掌握了视幻的艺术，就能从视觉上创造出理想的沙漏形体型，你可以扩展你的水平范围，重新塑造你喜欢的轮廓。

（1）梨形体型：

① 加宽你的肩部。

- 水平的领线（船领，宽的圆领），宽驳头和大尺寸的领子，荷叶边领。
- 在上身采用水平的条纹或图案。
- 肩部的兴趣或肩部强调，例如袖山头细节（打折或抽褶），垂肩或垫肩。
- 合身的上衣，上身有很多细节。
- 上身注意使用淡色或亮色，发光的或有肌理的面料。

② 变窄你的臀部。

- 垂直的线条，例如缝线和插片。
- 最小化臀部的丰满性。
- 避免在丰满的臀部有带子、育克和底边线。
- 使用嵌袋不使用贴袋，避免增加宽度。
- 集中于前中心，通过色彩的对比、细节和装饰。

（2）楔形体型

① 收窄你的肩部。

- 避免肩部和袖山的细节，以及垫肩。
- 使用无袖的样式，例如吊带衫。
- 使用斜向的肩线，例如插肩袖，使眼光朝向领线。
- 使用深色的、单色的色彩。
- 慎重地使用纹理。

② 变宽你的臀部。

- 选择喇叭裙和丰满的裙子。

- 使用硬挺的面料。
- 使用水平线条，例如裙子的育克、腰部周围装饰短裙，宽腰、贴袋和贴边口袋。
- 从臀部到底边使用荷叶边或波浪形褶裥。
- 单色、亮色和肌理的面料或细节。

（3）沙漏形体型

① 维持平衡。

- 避免增加肩部和臀部的量。

② 强调你的腰部。

- 选择服装的样式，将视线集中到腰部，但是避免过分强调窄的腰。
- 避免服装的风格掩盖或变宽你的腰部。

（4）柱状的或长方形体型

① 加宽你的肩部和臀部。

- 肩部和臀部同时增加宽度，如果你的体型是宽的，集中窄的腰部。
- 在肩部和底边使用单色和亮色。
- 在肩部和底边使用斜向的线条，将视线引向前中心。

② 变窄你的腰部。

- 将视线集中到身体的中心或者腰部，采用垂直细节（垂直省道，公主线，腰带等）。
- 避免在腰部采用对比色彩。

（5）苹果型体型

① 变窄你的腰部。

- 在身体的垂直中心使用垂直或斜向细节。
- 用垂直或者斜向线条打断腰部或臀部育克或腰带。
- 避免在腰部采用亮色、淡色或闪光的面料。
- 避免在腰部采用肌理细节。

② 将视线指向肩部和臀部。

- 通过量感（抽褶、褶裥、荷叶边、垫肩）增加维度和兴趣，但是，避免超出你腰部的宽度。
- 用斜向线条转移视线到前中心。
- 选择喇叭裙和踝骨长的裙子或者短袖。

总之，你的视幻工具就是充分利用设计元素。当你选择服装的样式、面料和色彩时，记住：

- 服装的形状是它的外轮廓。
- 细节，例如设计线、缝线、面料的波纹或印花，可以牵引视线或愚弄视线。
- 色彩的使用可以牵引或偏离视线。深色后退感，偏离视线；亮色或淡色吸引视线，增大或有前进感。
- 肌理可以通过面料的选择或创建细节，例如抽褶和荷叶边，平的、光滑的面料有缩小的感觉，闪光和鲜艳的面料有放大的感觉。

第十讲

个性化色彩

当你穿上服装,你会经常考虑色彩问题吗？在谈到你的服装时,除了比例、合身外,色彩是一个关键的因素,因为它能创造富有魅力的外观,色彩也会影响我们的情绪和情感,影响我们感受身体的形状和我们给别人留下的印象。

一、个性化色彩的作用

在遇见一个人时,第一印象在35秒之内形成,无论在社交方面还是在工作方面,穿着正确的色彩,将会有以下情况:

• 使你看上去更加健康、容光焕发、充满活力和更加惊人,你的朋友会说,“你看上去很漂亮”;

• 最小化脸部的瑕疵、污点、皱纹、疤痕和黑眼圈;

• 减少更多的化妆;

• 吸引别人注意你,而不是你穿着的服装上的色彩;

• 吸引别人的注意力到你的眼睛;

• 柔化脸部特征;

• 使你的微笑更加灿烂;

• 使你头发的色彩恭维你皮肤的色调;

• 节省你的时间和金钱,你将准确地穿着,不再购买只穿一次的服装;

• 你将能抵御每一季节流行的诱惑,不再是时尚的奴隶;

• 购买服装、化妆品、鞋子、腰带和包时,知道如何取得彼此的协调,以较少的单品,取得最大的搭配,使你的着装更加便利;

• 你将穿出你自身的风格,反映出真正的你,使你更加自信。

穿着错误的色彩,将会有以下情况:

• 使你的皮肤显得暗淡、疲惫,看上去泛黄和不健康,甚至看上去泛紫;

• 强调脸部的细纹和皱纹;

• 强调瑕疵、黑眼圈、皮肤的缺点;

• 强调双下巴;

• 使别人的注意力看你的服装或妆容,而不是看你(图10-1)。

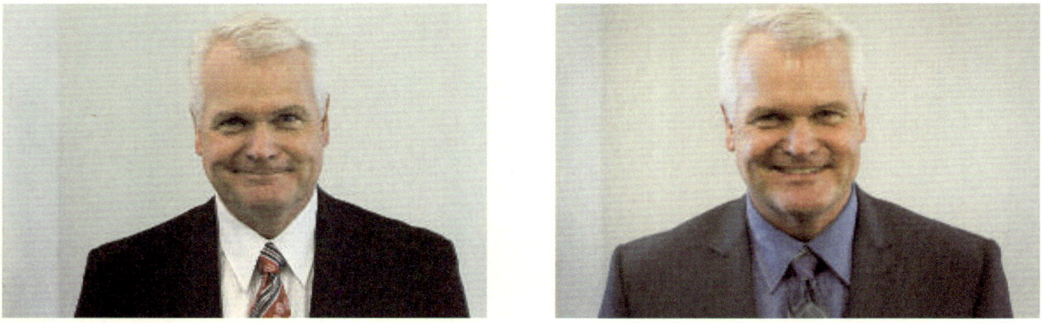

图10-1 西装穿在一个男人的身上(左);一个男人穿了一套西装(右)

比较上面两幅图,你的眼睛也许会被黑色的套装牵引,因为黑色比蓝色引起更多的注意。

如果销售西服，推荐黑色比推荐蓝色的销售量大，但是当谈到要最佳化你的形象时，注意力自然要停留在脸部，而不是被服装搅得心烦意乱。此外，如果服装强势于你，错误色彩将加深你面部皱纹、眼睛周围的黑眼圈，增加脸部多余的色彩，或者去掉脸部的色彩（图 10-2）。

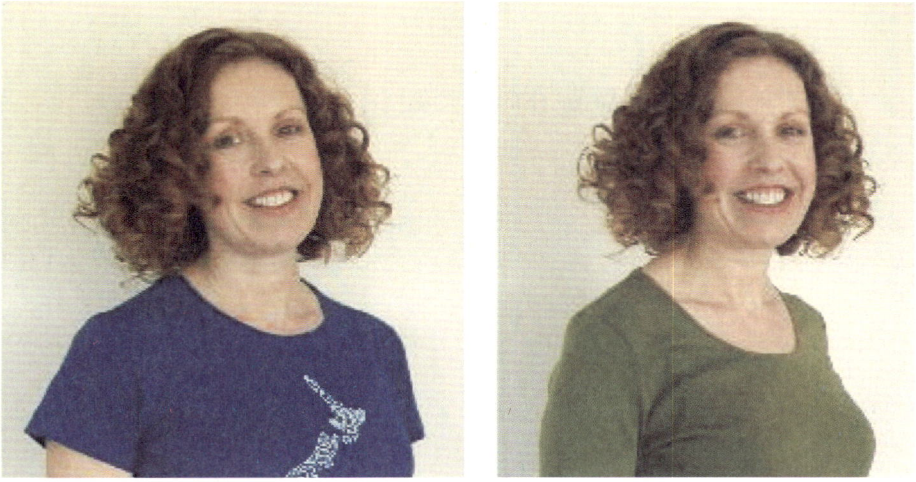

图 10-2 正确与错误色彩的穿着效果，左图错误，右图正确

左边图片，蓝色 T 恤穿在这个女性的身上，很难将注意力集中到女性的脸。相反，右边图片，你注意到的是这个女性而不是她服装的色彩（图 10-3）。错误色彩使你看上去老气、疲惫甚至像生病一般（当然如果你想使自己看上去像生病一样你可以这样做）。错误色彩经常是服装穿你，使人们在看到你之前先看到服装（你的朋友也许会说，“这件衬衫的颜色很好看”）。

图 10-3 左图服装色彩正确，右图错误

无论选择什么色彩，服装必须将着装者突出出来，即服装只能起衬托作用。根据地点选择正确的色彩和色彩数量，并进行正确的搭配，就能选择任何色彩。任何服装的色彩，只要在适合的情况下就是好的色彩。

二、色彩的基本知识

人类能够感知的色彩有2000多种，并给予色彩不同的名称。美国画家和艺术教师阿尔伯特·亨利·蒙塞尔（Albert Henry Munsell），在19世纪用三个元素：色相、明暗和纯度建立了他的色彩体系（图10-4）。

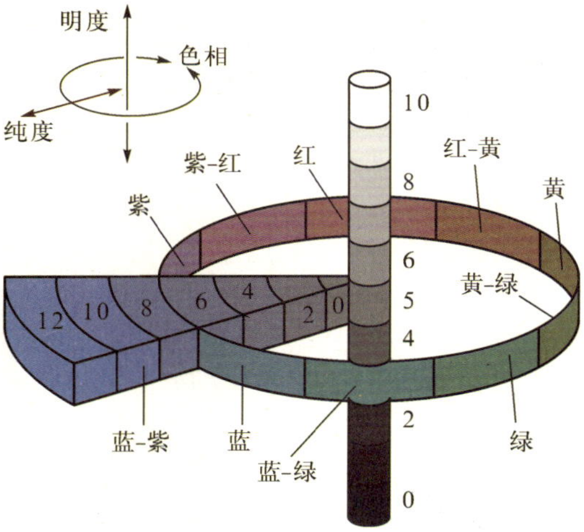

图10-4　蒙赛尔色轮

1. 色相

色彩的色相是色彩的最大特征，是指能够比较确切地表示某种颜色色别的名称。例如，红色、橙色或绿色。每一种色相或者是暖的、或者是冷的，或者是两者的结合（图10-5）。

图10-5　色彩从左至右由冷到暖

2. 明度

色彩的明度是指色彩的明亮程度。各种有色物体由于它们反射不同的光量就产生颜色的明暗强弱。色彩的明度有两种情况:一是同一色相明度不同;二是各种颜色的明度不同。通常,添加白色使色彩明亮,添加黑色使色彩变暗(图 10-6)。

图 10-6 色彩由中等亮度向左变亮,向右变暗。

3. 纯度

纯度常用高低来表述,纯度越高,色越纯,越艳;纯度越低,色越涩,越浊。纯色是彩度最高的一级。例如,太阳黄被认为是最饱和的、最纯的;而芥末黄被认为是一种浊黄。在图 10-7 中,石灰绿和正蓝被认为是纯色,而鼠尾草绿和尘蓝被认为是浊的。浊有时也称之为柔和。

色相 = 暖或冷
明度 = 浅或深
纯度 = 清晰或柔和

图 10-7 色彩的纯度从左至右由纯到浊

改变色彩的明度、纯度和色相能够完全改变我们对色彩的反应。太多不相关的色彩放在一起将毁掉和谐。漂亮的色彩随意地放置在一起,将产生混乱的状态,不能起到支撑主体的作用。没有不好的色彩,但有成功的和不成功的色彩混合。

三、色彩季节分析理论

四季色彩分析起源于德国哲学家约翰·沃尔夫冈·冯·歌德(Johann Wolfgang von Goethe (1749—1832)),他是研究色彩关系的先驱,但是在他研究的范围内还没有提及色彩、服装和皮肤色调之间的关系。

1919 年至 1933 年,瑞士画家、德国包豪斯学院教师约翰·伊顿(Johannes Itten)对色彩进行了更加科学的分析。伊顿首次发现仅有某些色彩适合人的特定皮肤或头发的色彩。他建立了四种不同的与四种类型的人相关的色盘,并且把这四种类型命名为四个季节。他创建的四种色彩色盘使他的学生在绘画人的肖像时大为方便。

加利福利亚的色彩理论家苏珊娜·凯吉尔(Suzanne Caygill),进一步研究了伊顿的色彩理论。

她将伊顿的四季理论和歌德的“色彩心理学”结合起来。苏珊娜发展了一种理论,认为人类的皮肤、头发和眼睛呈现的色彩是自己的天然着色,携带着个性信息。在她的理论中,她认为人格特质在本质上与色彩相关。她的研究变得十分流行,成为很多色彩专家研究的理论基础。

根据苏珊娜·凯吉尔的研究,心理学家卡洛尔·杰克逊(Carole Jackson)建立了她的色彩分析理论,并撰写一本书,名为《色彩使我美丽》(*Color Me Beautiful*)。她的理论和书籍在20世纪80年代广为流传。杰克逊使用的季节色彩系统比凯吉尔的简单。杰克逊将每一个季节分成一种个性类型,而凯吉尔的体系是每个季节有16种不同的色彩个性,大大简化了色彩配色方案,使女性在日常生活中购买服装、化妆品和配饰时更加简易。

1. 秋季色彩

暖色,纯度上呈浊,明度上从中亮到中暗。当风景从蓝色变成金色时,色彩变得更深、更火焰色。这些色调比较暖色,纯度很深。由于它们的深度,处于明暗的深色末端。想象秋天风景中丰富的橙色、红色、金黄和泥泞的绿色(图10-8)。

图10-8　秋季色彩

2. 冬季色彩

冷色,冬季色彩是暗与亮的明显对比。因为纯色在荒凉的白雪上闪光,与它周围光秃的深色树枝形成鲜明的对比。在蒙赛尔的色彩体系中,冷的冬季色彩在明暗轴的两端(亮和暗)。冬季色彩在浓度上也是处于蒙赛尔轴的两个极端,在冬天低亮度下,色彩看上去比较暗,但是,在阳光明媚的冬天,太阳反射雪的色彩,看上去更亮和更冰(图10-9)。

图 10-9 冬季色彩

3. 春季色彩

暖色，纯度上是纯的，明度上春天色彩的色盘处于中间到高明度之间。想象春天花卉纯洁明亮的色彩和新的春天季节到来后的纯洁、明亮，绿色嫩芽，新的或再生的成长物和温暖的阳光。因为高亮度和高浓度，而远远离开中心轴（图 10-10）。

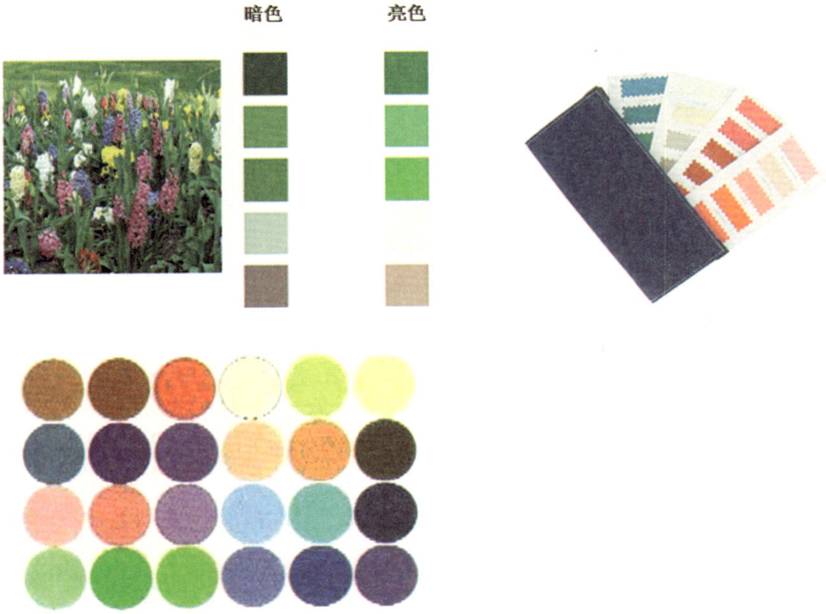

图 10-10 春季色彩

4. 夏季色彩

冷色，纯度上不纯，明度上从中亮到中暗。当从春天进入夏天，温暖的春天色彩的色相开始变冷。当太阳从头顶直接照射下来时，色相呈蓝色调，甚至绿色也较蓝。在本质上夏天的色彩更浊和更粉，想象在夏天炎热的薄雾笼罩下风景的色彩。因为浓度较高，在蒙赛尔轴的内侧。夏季色盘在明暗上从亮到中亮的范围。色彩浑浊，比冬天更加暗淡。亮的色彩呈柔和的奶油状而不是冰的状态（图 10-11）。

图 10-11　夏季色彩

四、个性色彩分析

1. 四季色彩分析

四季色彩分析与真正的四季相吻合：你在秋天看到的棕色、金色、黄色就是“秋季色彩”的色盘。同样，你在春天看到的明亮的暖色就是“春季色彩”的色盘，例如，黄色的水仙花，知更鸟蛋的蓝色、紫丁香和漂亮柔和的复活节彩蛋。

四季色彩分析体系是：具有冷（或蓝）底色的人是夏季或冬季；具有暖（或黄）底色的人是春天或秋天。当你知道你的底色是什么季节后，你需要决定是亮色还是暗色更适合你。如果你适合穿着深的冷色，就属于冬季色彩；如果你适合穿着淡的冷色，就属于夏季色彩；如果你适合穿着深的暖色，就属于秋季色彩；如果你适合穿着淡的暖色，就属于春季色彩。

四季色彩体系考虑了人的色彩的两个方面:色温和明度(图10-12)。

图10-12 从左至右:夏季(冷和淡)、冬季(冷和深)、春季(暖和淡)、秋季(暖和深)

2. 十二季色彩分析

在四季色彩分析中没有考虑到色彩纯度。加进了纯度的分析,四季拓展为十二季,使用起来更加精确。其过程是首先确定一个人的主色,然后再确定第二个特征。

从色彩的色相、纯度和明度可以得到一个人呈现的6个特征,正是这6个特征,在决定个性色彩季节时起重要作用。如果你的主要色彩决定了,已决定了你色彩季节的75%,第二个特征将决定你属于哪个季节。例如,如果你有浅的金色头发和浅的蓝色眼睛,那么你是浅色的季节。下一步决定你适合冷色还是暖色。如果是浅的暖色比浅的冷色更加适合,你将是"浅的春季"。在这种方法中,决定你的季节色彩有两个步骤。但是,每一个季节还有第三个特征,这是最后一个主要特征,见下表。

12季色彩体系	色相 暖或冷	明度 深或浅	纯度 纯或浊/柔和
春季	暖春 暖+浅色+(纯)	浅纯 浅+暖+(纯)	纯春 纯+暖+(浅)
夏季	冷夏 冷+浅+(柔和)	浅夏 浅+冷+(柔和)	柔和夏 柔和+冷+(浅)
秋季	暖秋 暖+深+(柔和)	深秋 深+暖+(柔和)	柔和秋 柔和+暖+(深)
冬季	冷冬 冷+深+(纯)	深冬 深+冷+(纯)	纯冬 纯+冷+(深)

每一个季节在色相、明度和纯度上有一个占主导的特征。主导特征占这个季节面貌的75%,第二个特征占20%,第三个特征占5%。

我们以春天为例。所有的春天色彩具有暖(色相或色温)、浅(明度)和纯(纯度)特征。如果一个人的主要特征或者最为明显的特征是"浅",这个人就是"浅春";同样,如果最明显的特征是"纯",这个人将是"纯春";如果这个人主要特征是"暖",他/她将是"暖春",其他季节以此类推。

主要特征决定你是哪个季节的重要因素,第二和第三个特征在摇摆于两个季节时起作用。例如,你头发的自然色彩是暖的红色,皮肤是象牙色斑点皮肤,因此你是暖季。对照表格检查第二个和第三个特征,如果眼睛是纯浅绿色,那么就是暖春(图10-13)。如果眼睛是柔和、浊的绿

图 10-13　从左至右浅春、纯春和暖春

色,便是暖秋。

12 季节体系也被称之为“漂移季节理论”,即传统的春、夏、秋、冬四季,从一个季节漂移到另一个季节。也就是说当两个季节重叠的时候,产生一个新的季节。例如,深秋就是秋季和冬季的混合。如果一个人是典型的秋季暖色,但是具有冬季的纯度。

从图 10-14 中可以看到,冬季漂移到夏季是冷冬,漂移到秋季是深冬,漂移到春季是纯冬。当两个季节重叠时,你能找到一些共同的色彩,例如:纯春和纯冬共同的色彩为翠绿,冷冬和冷夏共同的色彩为紫罗兰和深玫瑰色。通过这个图就能解释为什么某人是柔和夏,但是橄榄色(典型的秋季色彩)更适合她,因为它们是夏季和秋季的混合。一些典型的秋季色彩也许会突然出现在柔和的夏季色盘中,以此类推,其他季节也是这样。

图 10-14　12 季色彩漂移季节体系

五、四季色彩具体测试方法

四季色彩体系具体测试方法如下:

1. 通过测试皮肤的底色,确定你的皮肤是冷色还是暖色。

皮肤的底色由不同元素决定,它们是血红素、胡萝卜素和黑色素,这三种色素的组合由遗传决定,也意味着在人的一生中它们始终不会变。皮肤的色彩(或者皮肤的表面色)是变化的,它们由很多因素决定,例如太阳的照射、疾病、血的压力等等。越过表面色彩,寻找底色,可以定义你的皮肤特征。

两种简单的试验方法:

(1) 静脉试验

查看手腕内侧的静脉,可以决定你肤色的底色(图 10-15)。

- 绿色静脉→暖色底色

- 蓝色静脉→冷色底色

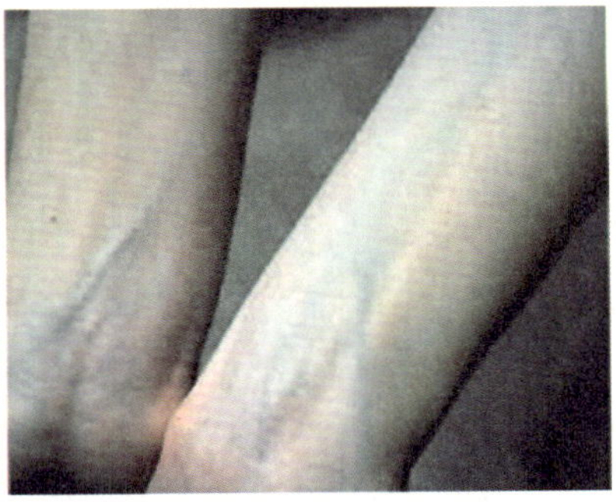

图 10-15

（2）金/银色测试方法

如果你不能肯定你的静脉是什么色彩，可以尝试金色/银色的试验（图 10-16）。

图 10-16 金色/银色的试验

做这个试验，需要准备金色和银色各一块面料或纸。将一只手放在银色上面，另一只手放在金色上面。同样还是试验手腕的内侧或者身体很少暴露在阳光下的部位。你将会发现，如果色彩正确，你的皮肤色彩和面料或纸张的色彩融合到一起，如果色彩不正确，皮肤的色彩显得不平滑，甚至有斑点。

- 与银色在一起，皮肤看上去光滑→ 冷色底色
- 与金色在一起，皮肤看上去光滑→ 暖色底色
- 冷色底色→夏天或冬天类型
- 暖色底色→ 春天或秋天类型

在这样简单的测试下，你已经将两个季节排除在外，下一步就是找到你“真正的季节”。

2. 决定你是浅色还是深色类型

定义你眼睛的亮度（浅色或深色）和你头发的自然色彩（图 10-17）。

如果是冷色底色，眼睛和头发 = 深色→冬季。

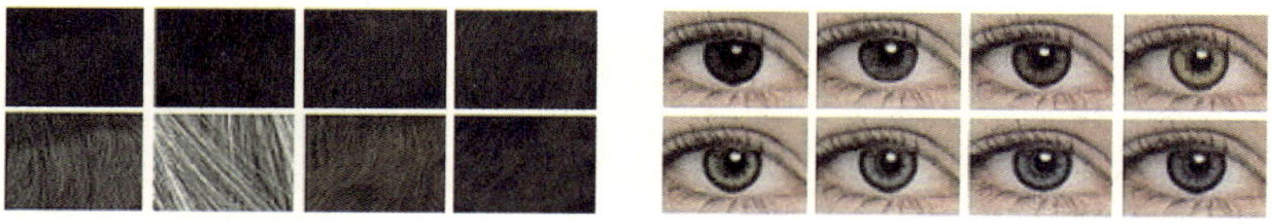

图 10-17　冬季头发和眼睛色彩

如果是冷色底色，眼睛和头发 = 浅色→ 夏季（图 10-18）。

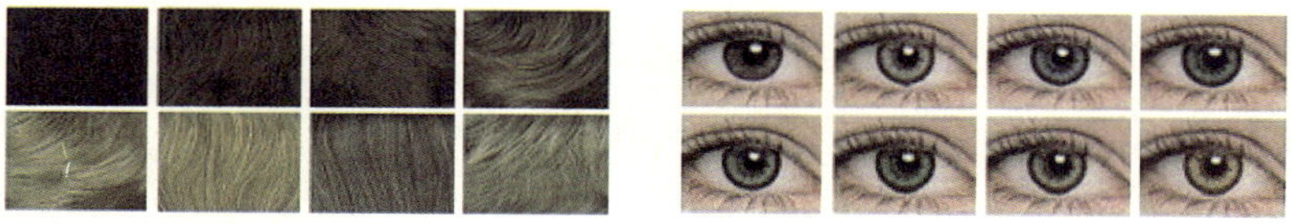

图 10-18　夏季头发和眼睛色彩

如果是暖色底色，眼睛和头发 = 深色→秋季（图 10-19）。

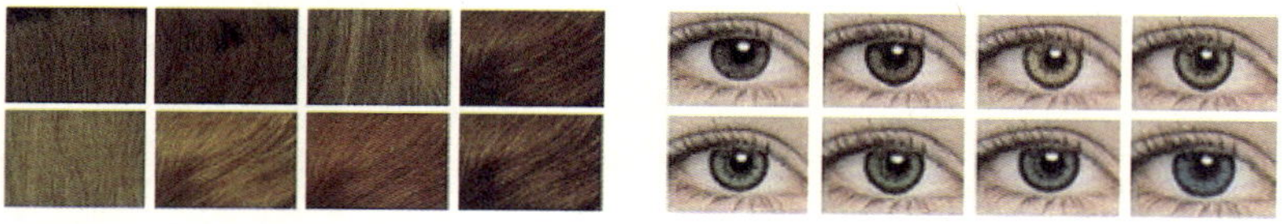

图 10-19　秋季头发和眼睛色彩

如果是暖色底色，眼睛和头发 = 浅色→春天（图 10-20）。

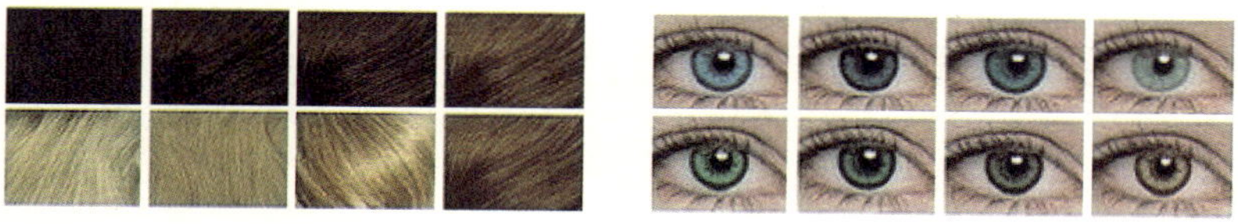

图 10-20　春季头发和眼睛色彩

六、四 季 色 盘

春、夏、秋、冬四季色彩的色相、明度和纯度有各自的特点，现列举一些，供读者参考。

1. 冬季类型色盘

冬季类型的应该穿高调和亮色。白色、黑色、海军蓝、红色和鲜粉红非常适合冬季面色。避免柔和的色彩例如米色、橙色和金色。整体着装最多三种色彩，最好的对比色是黑色和纯白。银色的首饰，但不要太夸张（图 10-21）。

图 10-21 冬季色盘

2. 夏季类型色盘

夏季类型应该选择粉色和柔软的中性色，以及玫瑰红和蓝色底色。淡紫色、灰褐色、粉色和粉蓝适合夏季类型，而黑色和橙色不适合。可戴很多种类的首饰。选择粉色，使人显得轻松和友善（图 10-22）。

图 10-22 夏季色盘

3. 秋季类型色盘

秋季类型应该选择金色底色，像驼色、米色、橙色、金色和黑棕色。避免蓝调色彩，例如海军蓝（图 10-23）。

图 10-23 秋季色盘

4. 春季类型色盘

春季类型可以穿暖色例如驼色、桃色、金黄和金棕。避免黑色、暗色,不穿黑白对比(图 10-24)。

图 10-24　春季色盘

参考文献

1. Charles Hix, Brian Burdine . Dressing Right: A Guide for Men[M]. New York: St. Martin's Press, 1979.
2. 高秀明.论槌球与英国维多利亚时期中产阶级的价值观[J].扬州大学学报:人文社会科学版,2009(3).
3. 高秀明,刘晓刚.新娘婚纱[M].上海:上海科技文献出版社,2004.
4. 贾汶傧.服饰概论[M].哈尔滨:黑龙江教育出版社,1996.
5. 李当岐.服装学概论[M].北京:高等教育出版社,1998.
6. 玛里琳·霍恩.服饰:人的第二皮肤[M].上海:上海人民出版社,1991.
7. 上海市服装行业协会,《中国服装大典》编著委员会.中国服装大典[M].上海:文汇出版社,1999.
8. 高秀明.欧美服饰文化性别角色期待研究[M].南京:东南大学出版社,2017.

后　记

数年来我一直从事着服装文化公选课的教学,深深感到公选课不仅要向非服装专业的学生普及服装文化方面的知识,还要向他们普及着装方面的知识,因为它隶属于人生修养的一部分,在职场更是不可缺少,所以对任何人都很重要。本书就是抱着这个目的编写的。

本书第四章、第八章部分内容分别由笔者的研究生田月和周洁撰写。在此书编写过程中,研究生吕坤坤、高淑琴、田云等搜集了很多资料,北大博士研究生柳皋隽绘制了部分图片和参与了部分文字的编著。厉庆荣、柳泉等参与了文字输入等工作。

此书得到了扬州大学出版基金的资助。

最后,对所有为此书的出版作出贡献的人,表示最诚挚谢意!

高秀明